PowerPointで かんたん! 動画作成

オンライン教材・授業動画・解説動画・
プロモ動画を手軽に作って配信

澤崎敏文［著］

技術評論社

注意　購入・ご利用の前に必ずお読みください

- 本書はWindowsやPowerPointの基本的な操作はひととおりマスターしている方を対象としています。まったくの初心者の方は、本書の前に別途、初心者向けの書籍を読まれることをおすすめします。

- 本書に記載された内容は、情報の提供のみを目的としています。したがって、本書を用いた運用は、必ずお客様自身の責任と判断によって行ってください。これらの情報の運用の結果について、技術評論社および著者はいかなる責任も負いません。

- 本書記載の情報は、2020年12月現在のものを掲載しており、ご利用時には変更されている場合もあります。また、ソフトウェアに関する記述は、とくに断りのない限り、2020年12月現在での各バージョンの最新アップデートをもとにしています。ソフトウェアはアップデートされる場合があり、本書での説明とは機能内容や画面図などが異なってしまうこともありえます。

- 本書は、Microsoft Windows10上でMicrosoft365のPowerPointを使用した環境で確認し、解説をしています(画面例も同じ)。それ以外のバージョンをお使いの場合、表示される画面や操作方法が異なることがありますので、あらかじめご了承ください。また、Microsoft365のPowerPointとPowerPoint2019では表示される画面が少々異なりますが、ほぼ同じ機能が提供されています。

以上の注意事項をご了承いただいた上で、本書をご利用願います。これらの注意事項をお読みいただかずにお問い合わせいただいても、技術評論社および著者は対処しかねます。あらかじめご承知おきください。

はじめに

動画作成の概念が変わる！ 文章を書くように動画を作ろう！

「動画」の作成というと、特別な機材や技術をもった人に作ってもらうもの、というイメージをもっていませんか？ 私もPowerPointの動画作成に出会うまでは同じように考えていました。

新型コロナウイルスの感染対策で、急遽、大学の授業すべてをオンラインで、かつ、動画で対応しなければいけなくなった私は、当初、出口が見えないトンネルに入ったような気持ちに。しかし、PowerPointによる動画作成のノウハウを得てからは、考えが180度変わりました。ITや映像の専門家でもない私が授業動画の作成・配信をする毎日。楽しみながらオンライン用の授業設計をすると同時に、授業の質そのものも大きく向上したと感じています。

インターネットの情報発信は、ホームページからブログ、SNSへと移行し、YouTuberという言葉が広く知られた今では動画があたり前になりました。コロナ禍をきっかけに、オンライン授業に取り組む教育機関も増えてきましたが、今後は、授業で動画を扱うこともあたり前の時代になるでしょう。

かつて先生が授業に合わせた学習プリントを作ってくれたように、その授業に応じたオリジナルの動画教材を作成する。それを可能にするのがPowerPointです。教材を作ってオンラインで提供することは難しそうに感じる方も多いかもしれませんが、PowerPointを活用すれば授業・解説動画を「手軽」に「安価」にそして「スピーディー」に作成することができます。

本書は、私自身が2020年4月から実践してきた経験をもとに、授業や講義、解説等をPowerPointの動画として作成、配信するためのノウハウをコンパクトにまとめていますが、動画だけに限らず、普段の授業や講演などでも活用できるヒントも数多く掲載しました。私同様に、自分で動画作成をしなければいけない小中高大の教育機関をはじめ、コミュニティセンター等の生涯学習、塾での学習から、企業等での商品PRや説明動画、そしてYouTuberとしての配信にいたるまで、幅広く手軽に文章を書く感覚で動画が作成できる！それがPowerPointでの動画作成の魅力だと思います。

そして、パソコンやITが得意ではないけれど、動画作成、動画配信してみたいという方々にこそ、ぜひチャレンジしてもらいたいと思っています。プレゼンだけじゃないPowerPointの魅力をフル活用して、手軽に動画作成をはじめてみましょう！

2021年1月

澤崎敏文

第1章

PowerPointで作れる動画教材・解説動画

PowerPointはプレゼンテーションに欠かせない標準ソフトとして知られていますが、実は動画作成ツールとしても大きな可能性を持っています。

そこで、本章では、なぜPowerPointが動画教材や解説動画作成に適しているのかということや、作成に必要な機材や作成の手順についての基本的な考え方を解説します。

1-1

PowerPointで動画を作成しよう

PowerPointはプレゼンテーションに欠かせない標準ソフトですが、実は**動画作成ツールとしても大きな可能性**を持っています。特に、Office2019やMicrosoft365として提供されている最新のPowerPointは動画作成の機能が大幅にパワーアップしています。

インターネットの情報発信は、ホームページからブログ、SNSへと移行し、動画配信の時代に。YouTuberという言葉にも代表されるように、動画での情報発信が当たり前になりつつあります。

近年では、新型コロナウイルスの影響で自粛や休校を余儀なくされるなか、急遽オンラインでの授業や教材提供に取り組む学校をはじめとした教育機関も多くなりました。今後は、授業で動画を扱うことが当たり前の時代になりつつあります。

自前のオリジナル教材を作ってオンラインで提供するのは難しそうと思う人も多いかもしれませんが、PowerPointを利用すればオリジナル教材や授業・解説動画を**「手軽」**に**「安価」**にそして**「スピーディー」**に作成することができます。カメラやマイク付きのパソコンを使えば、講師の解説音声や顔を入れることも驚くほど簡単です。描画機能やアニメーション機能を組み合わせて、さまざまな動きのある表現も実現できます。**学校の授業での教材づくりや解説動画のほかにも、企業での手軽なPR動画作成にも最適**のソフトといえます。

➲ 動画を活用したオンライン授業を受ける学生も多数いる

ヒント

Microsoft365とは、マイクロソフトが提供するWord、Excel、PowerPointといったOffice製品のサブスクリプションサービスのこと。月額サービス等により常に最新のOffice製品が利用できます。Office365という名称から2020年に改名されました。

基本的な機能は、Office2019やMicrosoft365で提供されるPowerPoint双方で同じですが、3Dモデル(第4章)やアイコンで提供される素材等はMicrosoft365のほうが充実している等の違いがあります。

PowerPointで動画作成をおすすめする3つの理由

PowerPointで動画作成をおすすめする3つのポイントをまとめました。

ポイント1 これまで作成してきたPowerPointスライドの資源を有効活用！

学校であれば、これまで授業用に作成してきたスライド教材、企業であればプレゼンテーション資料のためのスライドをそのまま活かしながら動画を作成することが可能です。

動画の内容や目的にもよりますが、授業・講演や解説のような内容であれば、**過去に蓄積したスライドの資産を活かしながら、時間も費用もかけずに簡単に動画作成**ができます。

➲ これまで作成したスライドを利用して動画を作成できる

ポイント2 動画編集の知識がなくても手間なくスピーディーに作成できる！

動画作成・編集というと、プロの仕事というイメージがあり、素人には難しいと思われている方も多いですが、**PowerPointを活用することで、手軽にスピーディーに動画を作成・配信することが可能**になります。企業であれば、広報媒体としてスピーディーな動画の配信は必須です。学校であれば、毎日の教材づくりが負担にならない手軽な教材作成ツールとしても活用できます。

自分で作成したPowerPointのスライドから動画を作成できるので、定期的に作成しなければいけない授業動画や、日々の広報動画なども負担なく手軽に作成でき、**継続性という点でも優れています。**プロに制作依頼をしたり高度な編集ソフトを使ったりというレベルまでは必要なく、手軽に作りたい！ そういう環境がPowerPointだけで実現できます。

➲ before：動画作成は編集に一番時間がかかる ➡ after：PowerPointなら編集いらず

ポイント3 動画にすることで視聴者の理解が深まる

学校の授業であれば、これまで板書やプリント教材で行っていた説明を動画にすることは、児童生徒や学生が**より理解を深めるための手助けとなります**。立体的な視覚効果（例：算数の図・チャートによる表現、生物学などのサンプル、数学の立体図形）などもPowerPointで簡単に表現することが可能となるので、より理解を深めることができます。

また、ポイント2でも説明しましたが、手軽に迅速に教材作成が可能となるため、教師にとっても空いた時間を授業研究や教材研究など、授業の質を高める活動に使うことができます。

before：板書やプリント教材を配布 ➡ after：動画教材は新しい教材になる

ヒント

PowerPointは2010のバージョンから動画での保存が可能でしたが、2019からその機能がさらにパワーアップ。一般的になった内蔵カメラとマイクで自撮りをしながらスライドの記録が可能となりました。なお、カメラ連携はWindows版だけの機能です。

これまでの動画編集との手順の違い

これまでの動画作成は、動画「編集」という言葉にも象徴されるように、「編集」に多くの時間と労力を費やす必要がありました。動画作成は、シナリオのもとに撮影された映像を、最終的に専用の動画編集ソフトを利用して、時間をかけて編集するというものでした。アプリケーションソフトを使いこなすための高度な技術も求められます。パソコンに加えて、撮影を行うためのカメラ機材、照明、スタジオ（撮影場所による）、そして長時間におよぶ編集作業などが必要でした。

一方で、PowerPointを活用すると、撮影のシナリオ・手順はスライドとしてPowerPointで作成して用意されています。PowerPointでプレゼンテーションを行っている様子をそのまま動画で撮影するかのように、それらのスライドを活用して、PowerPointで動画作成することができるのです。特に、Microsoft365（Office365）のような最新のPowerPointでは、スライド1枚ごとに動画の記録や撮り直しができ、動画作成の効率を大幅にアップすることが可能になりました。

通常（これまで）の動画作成のプロセス －編集に手間と時間がかかる

PowerPointでの動画作成のプロセス －PowerPointだけで動画作成が完了！「編集」作業がない

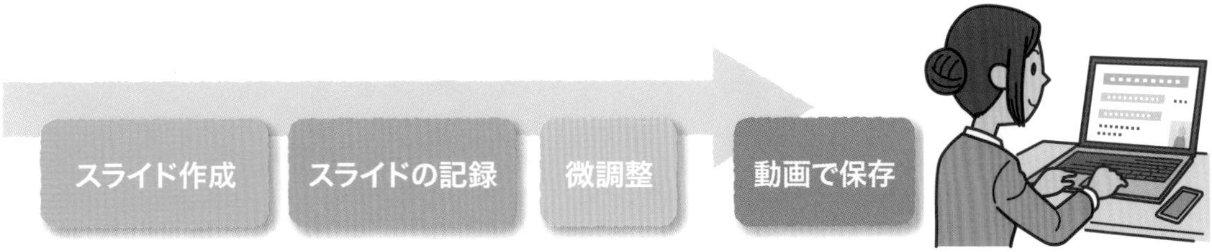

PowerPointに、自分自身が「ワイプ画面」で登場して解説動画を作成する場合でも（注：Windows版だけの機能です）、シナリオとなるスライドを作成し、スライドごとにパソコンに向かって解説しながら記録（録画）、動画で保存。作業はすべて机の上だけで完結できます。動画の記録が終わった段階で、全体の流れが調整済み（微調整等はできます）なので、いわゆる「編集」という作業が発生しません。**記録（撮影）が終わった段階で動画が完成**します。これを、最終的に動画として「エクスポート（保存）」するだけです。

ヒント

スマートフォンにもさまざまな動画編集アプリがあります。これらも動画を手軽に作成するには便利で、決まったテンプレートを活用して短いPR動画等を作成するのには最適です。

一方、PowerPointは講座、授業のような**「教える系動画」**に最適です。アプリを上手に使い分けると動画作成は効率的になります。

どのような動画作成に適しているのか?

PowerPointはどのような場合にも使える万能の動画作成ツールというわけではありません。プレゼンテーションを行ったり、解説をしたりするような目的でスライドを作成していたのであれば、そのような解説系の動画はPowerPointでの動画作成に向いています。そして、既存のスライドを活用してスムーズに動画へと移行できます。

基本的に以下のような**「学習的要素」が強く、「説明・解説系」の動画であれば、比較的簡単に質の高い動画が作成可能**です。

1. 大学・高校・中学等の授業動画（講義形式）
2. 行政・公的な情報発信（制度改正、法律改正等の解説）
3. 公民館での生涯学習等の講座
4. 学習塾などの授業・解説動画
5. 企業などの新商品・新サービス説明、取り扱い説明書
6. YouTubeなどの解説系動画の作成

逆に、エンターテイメント要素が高く、映像や写真を多用するような動画作品を作るのであれば、専用の動画編集ソフトを活用したほうがスムーズです。

黄色いエリアがPowerPointで手間なく動画作成できる分野

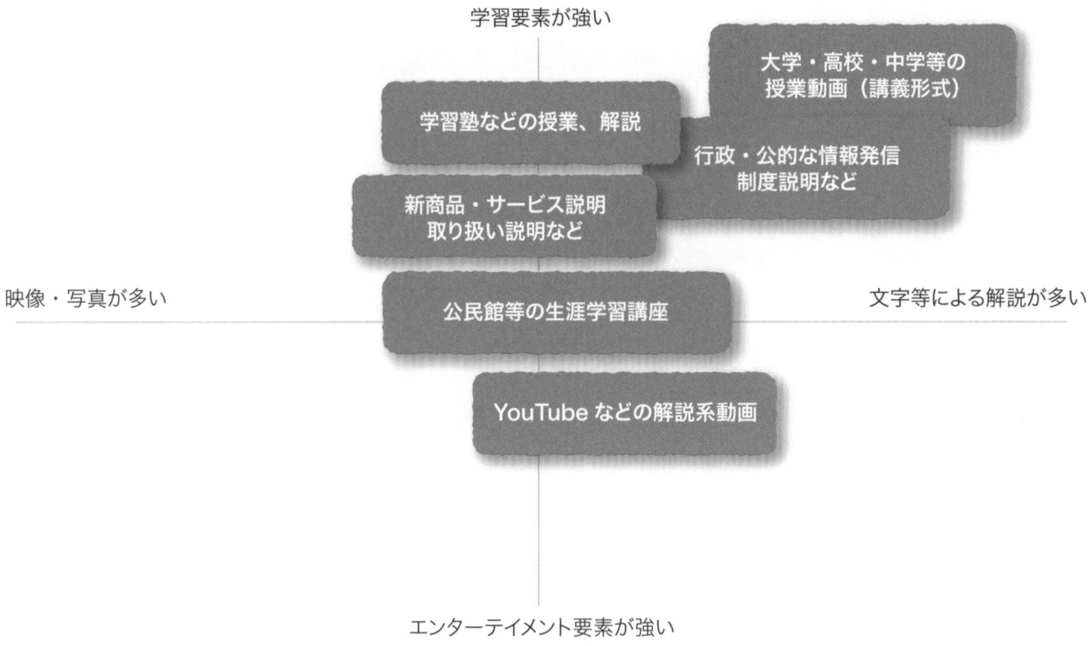

動画作成に必要なもの

動画の目的やパソコンの環境によって必要な機材等が変わってきますが、PowerPointのスライド内容だけを動画にするのであれば、パソコンだけで完結できます。

ここでは、カメラを使って自分の顔が入った解説動画を作成する場合に必要な機材等を2つのパターンで示します。

カメラ、マイク付きノートパソコン

内側にカメラやマイクを内蔵しているパソコンであれば、**パソコンだけで撮影を完結させることが可能**です。最近のノートパソコン、タブレット型パソコンはほとんどの機種でカメラやマイクを内蔵しているので、特殊な設定をしなくてもすぐに始められます。

ノートパソコンはカメラ・マイクを内蔵

カメラ、マイク（カメラ、マイクが付いていないパソコンの場合）

参照

録画時のカメラの設定・選択方法については29ページを参照。

デスクトップPCの場合、マイク、カメラを別に準備する必要があります。ウェブカメラのようなものから、本格的な撮影用のカメラまで、パソコンに接続して認識できれば、どのようなカメラでも利用できます。

カメラの画質がそのまま動画の画質になるので、こだわりたい方は画質のいいカメラをパソコンに接続して記録するのがおすすめです。

デスクトップ用のカメラとマイク

その他 ー写真、映像、音楽素材など

参照

著作権については153ページの「コラム」を参照。

PowerPointのアイコン（オンライン）を活用する場合や、インターネットで配布されている無料の素材などを使う場合、また、写真や映像、音楽を挿入するのであれば、それらを事前に準備する必要があります。また、利用する素材については、著作権についても配慮が必要です。

PowerPointでの動画教材・解説動画の作成例

PowerPointで作成できる動画教材や解説動画には、箇条書きで示すようなシンプルな解説はもちろん、以下のような教科での作成例が考えられます。

- さまざまな教科で使える穴埋め問題、選択問題などをアニメーションで表現
- 英会話の例を１文ずつ見せながら、読み上げ音声を再生する。英単語の綴りを１文字ずつ表示させる
- 理科や社会などで出てくる「データの比較」の棒グラフや折れ線グラフの表示をアニメーションで表現 → より比較しやすくなり、理解が深まる
- 算数・数学の複雑な文章問題などで、動きのある映像表現で図解して視覚的に見せる
- 理科の生物等で3Dモデルなどを活用して立体的に見せる
- 社会や理科、英語などで撮影したビデオ映像の資料を見せながら解説をする

さまざまな動画教材へと発展する可能性を持つPowerPointスライド

解説動画全般

PowerPointならではの、箇条書きや写真などによるシンプルな解説（→ 32、89 ページ）

越前エリアのおすすめスポット
•東尋坊
•永平寺
•丸岡城
•恐竜博物館
•一乗谷朝倉氏遺跡
•越前陶芸村
•越前海岸の自然
•気比神宮・気比の松原
オススメ！

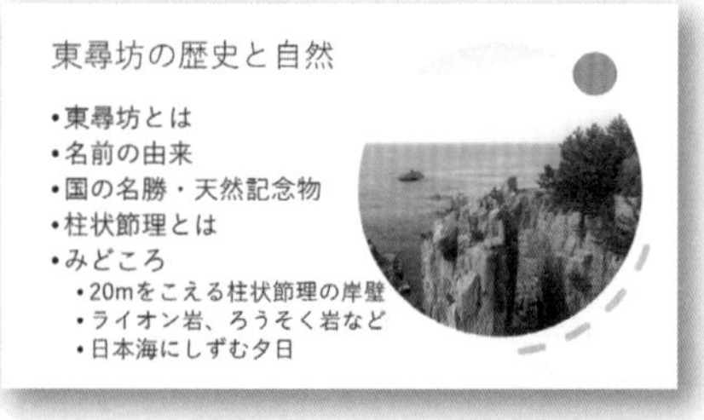
東尋坊の歴史と自然
•東尋坊とは
•名前の由来
•国の名勝・天然記念物
•柱状節理とは
•みどころ
•20mをこえる柱状節理の岸壁
•ライオン岩、ろうそく岩など
•日本海にしずむ夕日

全教科

資料のビデオ映像を再生しながら、ワイプ画面で講師が解説を行う（→ 69、72 ページ）

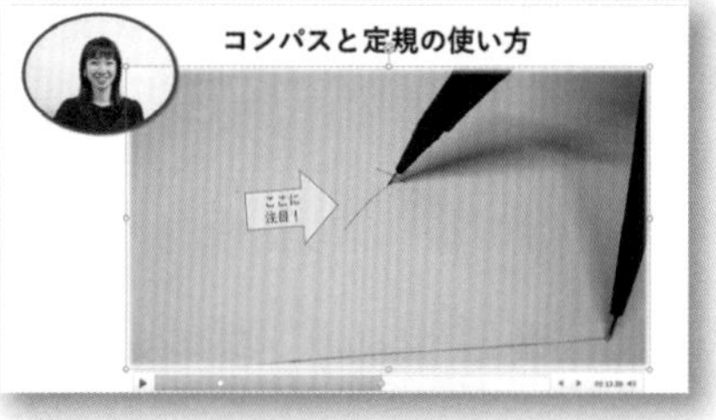
コンパスと定規の使い方
ここに注目！

高地の人々の生活（ヒマラヤ山脈エリア）

情報

パソコンやアプリケーションの操作の実際を映像で取り込んで解説を行う（→ 63 ページ）

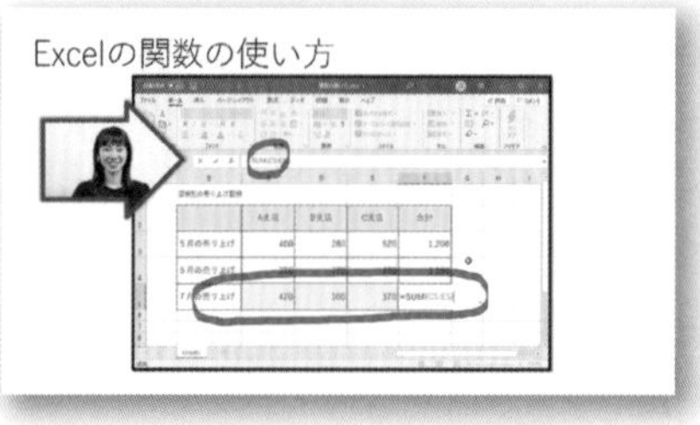
Excelの関数の使い方

理科など

ビデオ画像に、現れて消えるテロップを入れて伝わりやすい説明を（→ 99 ページ）

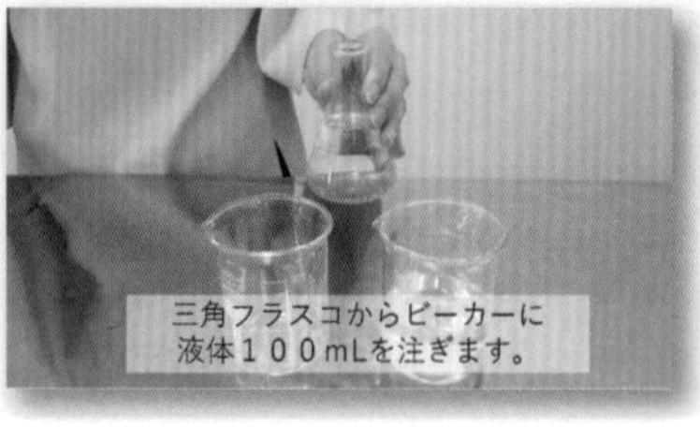
三角フラスコからビーカーに
液体１００mLを注ぎます。

さらに、近年需要が高まってきた情報処理関係の授業で、アプリケーションなどの実際の操作方法を映像で見せながら解説するなど、幅広い教材を作成することができます。

これらは、動画教材としてだけでなく、**普段の授業の中でPowerPointのスライドとしても利用可能**なので、応用の幅が広がっていきます。

第2章では、作成したスライドを動画にするための基本的な考え方と操作方法を解説していきます。

さらに、第3章では、ビデオ映像をPowerPointに取り込んで、その映像を見せながら解説をする方法について取り上げます。

第4章では、スライド内の文字や図形を動かしたり、強調したり、表示・非表示にしたりできる「アニメーション」効果を活かした教材の作成例について解説していきます。

国語・英語

段落や単語ごとに文章を表示したり、1文字ずつ順に現れるアニメーション表現を加えたり、読み上げ音声を入れる（→ 94 ページ）

英語の会話例
Angela: Is Tom from Osaka?
Aoi: No, he is not.
He is from Fukui.
Angela: Is he a student?
Aoi: Yes, he is.
He is a new student.

理科・社会

棒グラフ、折れ線グラフなどをアニメーション化。時系列や項目別に表示させて、比較しやすいように表現（→ 110 ページ）

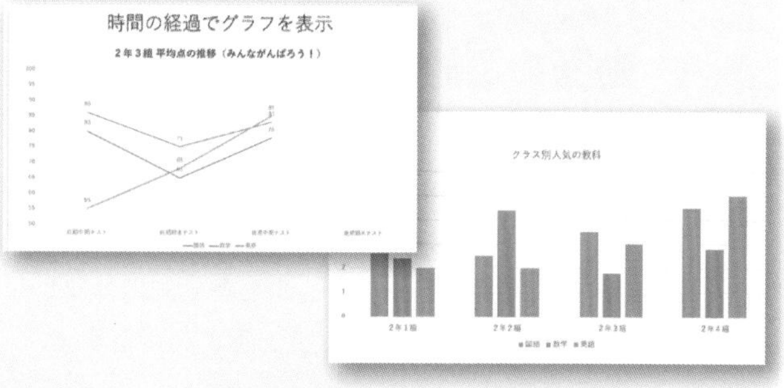
時間の経過でグラフを表示
2年3組 平均点の推移（みんながんばろう！）
クラス別人気の教科
2年1組
2年2組
2年3組
2年4組

算数・数学

文章問題などで、複雑な文章問題を動きのあるアニメーションで図解して表現（→ 108、122 ページ）

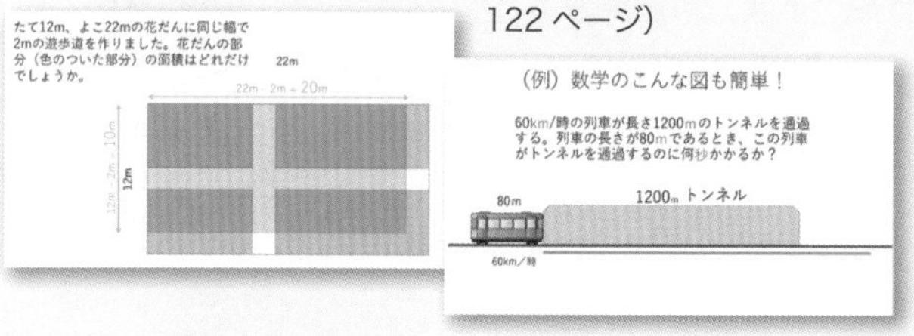
たて12m、よこ22mの花だんに同じ幅で2mの遊歩道を作りました。花だんの部分（色のついた部分）の面積はどれだけでしょうか。
22m
22m − 2m = 20m
12m − 2m = 10m
12m
（例）数学のこんな図も簡単！
60km/時の列車が長さ1200mのトンネルを通過する。列車の長さが80mであるとき、この列車がトンネルを通過するのに何秒かかるか？
80m
1200m トンネル
60km／時

全教科

選択問題、穴埋め問題などをアニメーションで表現（→ 114 ページ）

アメリカ合衆国の首都はどこでしょうか
① ニューヨーク
② サンフランシスコ
正解 ③ ワシントンDC
④ アトランタ
は（① ）ですが、
は（② ）です。
富士山
エベレスト
キリマンジャロ

算数・理科など

PowerPointに用意されている「3Dモデル」を活用し、回転させるなどの動きをつけて視覚的に理解しやすい表現を（→ 117、127、130 ページ）

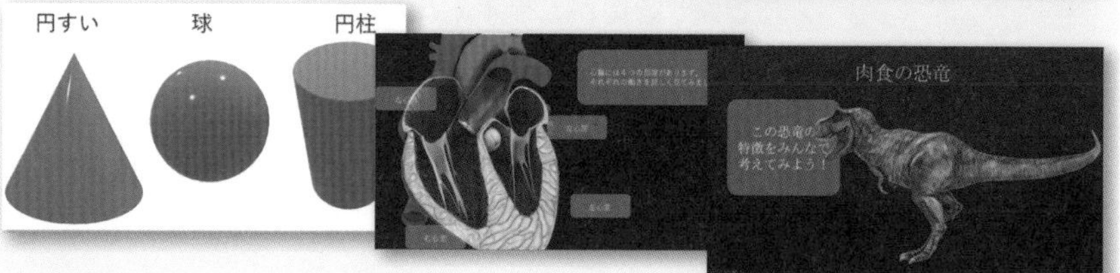
円すい
球
円柱
肉食の恐竜
この恐竜の特徴をみんなで考えてみよう！

1-2
動画作成から配信までの流れ

PowerPointで動画作成を行う基本的な流れを、7つのステップに分けて解説します。

動画作成の基本的な流れ

ステップ1
動画の目的設定

動画の目的や対象となる視聴者を考えよう

まず、動画作成の目的を明確にする必要があります。**どのような目的で動画を作成するのか、誰が視聴者となるのか**によって作成する動画の構成や内容、長さも変わってきます。動画作成といっても基本的にはプレゼンテーションを行う場合と同様に、視聴者、利用者を考えて動画内容を整理しましょう。

たとえば、同じ授業動画・説明動画であっても、想定している視聴者が小学生と大学生では説明の仕方や表現方法(用語の使い方や図解の仕方など)も当然変わってきます。

また、内容以外にも、学校での授業動画や企業のセミナーなどの動画配信であれば、どのくらいの長さの動画なのか、配信するプラットフォーム(YouTube等)は何を想定するのか、視聴者は大勢の集まった会場でプロジェクターやスクリーンで視聴するのか、パソコンで視聴するのか、スマートフォンなどのモバイル端末で視聴するのか等を考える必要があります。

ヒント

授業や講座、セミナーであれば、10～15分程度の短い動画に区切ったほうがわかりやすいといわれています。また、YouTubeで配信する場合はチャプターを設定することも可能です。詳しくは第2章47ページ参照。

ステップ2

動画の構成 —結論が先? 起承転結?

動画の内容、構成などを決めましょう。スライドを作成しながら、アウトラインを描くように内容、構成などを同時に決めていくと手軽です。また、スライド形式になっているので、構成を変更したり説明する順番を入れ替えたりも簡単にできます。

動画の構成については、目的によってさまざまですが、授業やセミナー、解説動画であれば「結論先行型」と「起承転結型」の2つの構成方法があります。

動画の内容や構成を考えよう

使い方は
ビデオで
撮ろう…

結論先行型

動画の**最初に結論や伝えたいことの核心に触れてから、詳細を説明する構成方法**です。ビジネスでのプレゼンテーションや商品説明などではこのような手法が効果的です。**例1**は、最初に結論・伝えたいことや新商品などを紹介したのちに、なぜそのような結論に至ったのかという理由や事例などを説明していきます。そして、最後に再度、結論や伝えたいことをまとめます。

例1 結論から詳細へ

結論
- 伝えたい内容などを最初に伝えます。

→ **理由・事例など**
- 必要なデータや数値などを詳細に伝えます。

→ **まとめ**
- 結論の再確認、全体のまとめ

例2は、動画の冒頭で、全体の概要、この動画で伝えたいことの概要を話します。書籍の目次のような役割です。その後、伝えたいことの詳細を理由や事例などを列挙して説明します。最後に、内容のまとめを話して終了という流れです。

例2 概要から詳細へ

概要を伝える
- 次第、目次のように、最初に概要を伝えます。

→ **詳細を伝える**
- それぞれの項目について詳細を説明します。

→ **まとめ**
- 結論の再確認、全体のまとめ

参照
視聴者（学生）がどのように動画を見ているかは49ページのコラムを参照。

授業や説明動画などでは、ほとんどのケースで、例1、例2のパターンで動画を作成すれば、視聴者に伝わりやすい構成になります。ただし、**視聴者は実際の授業や説明会と違い、順番に動画を見てくれるとはかぎりません**。また、冒頭ですべてを伝えすぎてしまうと、動画を最後まで見てもらえなくなってしまいます。

動画の目的にもよりますが、これらを踏まえて、できるだけ見てほしい箇所や伝えたい箇所をしっかりと見てもらえるように誘導できる構成で組み立てるのが理想的です。

ヒント

起承転結型

物語などのように、最後まで視聴者を飽きさせず見せたい場合には、起承転結型で動画を構成することも有効です。ただし、学校の授業等の場合には、かなり綿密に内容、構成を考えなければいけませんし、高度な話術も要求される手法です。本書では詳細は触れません。

ステップ3

スライド設計・作成

基本的に、PowerPointで通常の発表・講演・授業をするようなイメージでスライドを作成すればOKです。ただし、後述する顔出し映像（ワイプ画面）を入れる場合には、それをどこに配置するかを事前に考えてスライドのデザインや文字の配置を工夫する必要があります。また、通常のPowerPointの発表時のように、動画内で話す原稿やメモを「ノート」としてスライドに記載しておくことも可能です。

参照
記録時の「ノート」の活用等については第2章30ページを参照。

PowerPointのスライドは**できるだけシンプルに作成したほうがわかりやすくなります**。特に、動画となる場合、視聴者がどのような環境で見るのかも考える必要があります。テレビのような大画面で視聴するのか、デスクトップパソコンのディスプレイで視聴するのか、ノートパソコンなのか、タブレット端末なのか、そして、スマートフォンのような小さな画面で見るのかなどです。

特に、インターネット上での配信を予定している場合、すべての人が同じ環境で見るとは限らないので、文字の大きさや画面構成には気を付けなければいけません。

すべての人が同じ環境で見ていないということを前提に画面配置を考えましょう。

スマートフォン（縦、横）とデスクトップPCでの視聴のサイズ感の違い

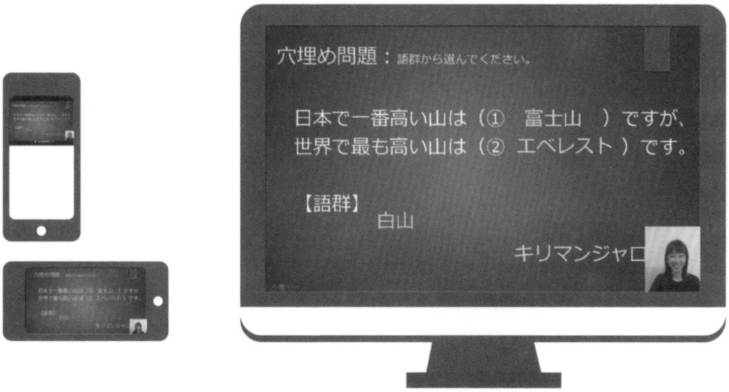
穴埋め問題：語群から選んでください。
日本で一番高い山は（① 富士山 ）ですが、
世界で最も高い山は（② エベレスト ）です。
【語群】
白山
キリマンジャロ

ステップ4

実際の記録

動画の構成が決まり、スライドが作成できたら、いよいよ動画の記録です。このステップが動画作成の中心となります。一般の動画作成でいう**「撮影」に該当**します。

パソコンに向かってスライドショーの記録を行っている様子

タッチ画面&ペンが使える
Surface（Surface Pro：Microsoft）

参照

記録の詳細や手順については第2章32ページを参照。

動画はスライドごとに1枚ずつ記録、撮り直しができます。また、記録後に前後の不要な部分をカットしたり調整したりすることも可能です。

タッチ画面&ペンが使えるパソコン（Surfaceのようなノートパソコン）であれば、解説しながら画面上に描画をすることもでき、それらをそのまま動画として記録可能です。スライドに解説しながらリアルタイムで板書をするような感覚で動画を記録できます。

ステップ５

記録後の調整

◀◀ 参照

記録後の調整等の詳細や手順については第2章39ページを参照。

顔出しワイプ映像を入れる場合、記録後にワイプ画面の位置や形などを調整することが可能です。また、記録したワイプ映像のサイズ調整や長さ、音量なども調整できます。

記録後に、強調したい文字の色やサイズを変えることも可能です。

ヒント

大幅に修正をする場合には、ファイルを複製(バックアップ)して操作しましょう。

顔出しワイプ映像の例

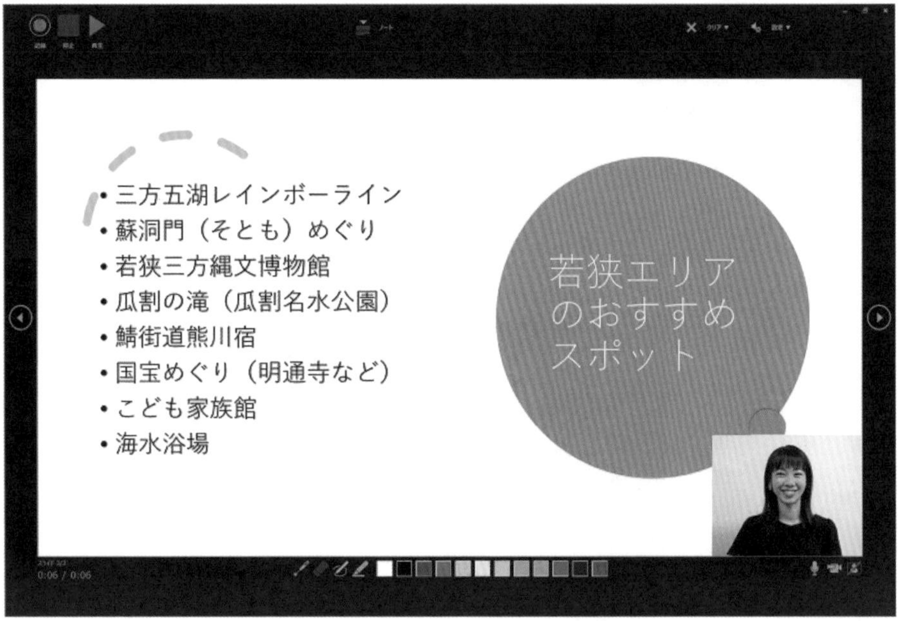

ステップ６

動画のエクスポート

◀◀ 参照

動画のエクスポートの詳細や手順については第2章42ページを参照。

プレビューを行ってすべて確認できたら、最終的に動画としてエクスポート（動画として保存）を実施します。動画の目的等に応じて、動画の画質（ファイルサイズ等）を選択します。

ステップ7
配信（配布）

動画が指定のアニメーション効果も含めて記録したとおりにエクスポート（動画として保存）されているかを確認します。動画として保存されたファイル（mp4）は、部分的な文字の修正などができません。もし、修正がある場合には、再度、PowerPointのスライドに戻って修正した後、ステップ6のエクスポート（動画として保存）を実行する必要があります。

以上の7ステップが完了したら、完成した動画をその目的に従って、パソコンで再生する他、DVDなどのメディアで配布したり、YouTube等インターネット上の配信プラットフォームにアップロードしたりすれば活用可能となります。

◀◀参照

YouTubeによる配信の詳細や手順については第2章44ページを参照。

Column

新型コロナウイルスによる大学での遠隔授業対応の実際

2020年春、新型コロナウイルスの感染対策により多くの大学でインターネットによる遠隔授業がスタートしました。遠隔授業というと、テレビ会議のようにリアルタイム、双方向通信をするようなイメージを持たれる方が多いと思いますが、実際には2種類の方法が存在します。

1つめが、Zoom、Microsoft TeamsやGoogle Meetといったオンライン会議の仕組みを活用して**リアルタイムでの双方向通信で授業を実施する同期型**、2つめが、**授業動画をあらかじめ準備してオンデマンドで配信する非同期型**です。

そして、学習のための授業管理を行うポータルになるのが**学習管理システム**（Learning Management System、以下LMSと略します）です。これらは決して最先端の技術ではなく、10年以上前からLMSによる授業管理を実施している大学はありました。しかし、そのほとんどが、一部の学部、学科、専攻、教員だけでの利用であり、全学的に活用していたケースは稀です。

このような一部先行事例のノウハウが、今回の新型コロナウイルスによる遠隔授業対応で組織的に全体へと広がりました。

ニュース等で紹介される遠隔授業風景は圧倒的に同期型（リアルタイム）での遠隔授業であることが多いので、そのようなスタイルの授業が多くの学生の支持を集めているかといえば、そうでもありません。筆者の知る各大学の教員からは、**学生からの評判は非同期型（オンデマンド）の授業が一番高い**という声が聞こえてきます。

その理由として、**非同期型であるオンデマンド動画配信は、好きなときに繰り返し授業内容を確認することができる**こと、学生の自宅・下宿先の**通信環境に与える負担が少ない**など、学生にとってメリットが多いことがあげられます。

授業の種類にもよりますが、上手に授業設計できれば、**対面授業（文部科学省の用語では「面接授業」）以上の学習効果がある**とも言われ始め、緊急避難的に導入していた遠隔授業を今後積極的に取り入れていく大学等も増えていくと思われます。

かつては授業教材としてプリントを作成していた教員も、これからは動画を作る時代になったのだと感じています。そして、その動画作成も専用の編集アプリからPowerPointへ。私たちの教育環境も時代とともに大きく進化していくことを感じています。

第2章 動画の記録と作成、配信の手順（基本編）

PowerPointには「スライドショーの記録」と「エクスポート（ビデオの作成）」という2つの機能があります。これらを組み合わせることでPowerPointのスライドを動画として作成できます。

この章では、授業や解説・説明などの顔出し動画を実際に記録→調整→動画として保存して、YouTubeで配信するまでの基本的な操作手順を具体的な事例を用いて説明していきます。

2-1

スライドショーの記録と基本機能

「スライドショーの記録」とは、スライドショーの流れやプレゼンテーションなどを**あらかじめ記録して、自動再生**させる機能です。この機能が動画作成の「撮影」に該当するステップになります（参照 第1章21ページ）。

ここでは、「スライドショーの記録」画面への切り替えから、記録画面の基本的な操作方法や機能の説明を行います。

「スライドショーの記録」画面を表示する

［スライドショー］タブから［スライドショーの記録］を選択すると、次ページのような画面に切り替わります。これが「スライドショーの記録」画面で、**黒いフレームで囲まれた内側が記録されるスライド**です。黒いフレーム部分には記録のためのさまざまな機能が配置されています。

メモ

サンプルファイルと解説動画をダウンロードで提供しています。詳しくは165ページ参照。

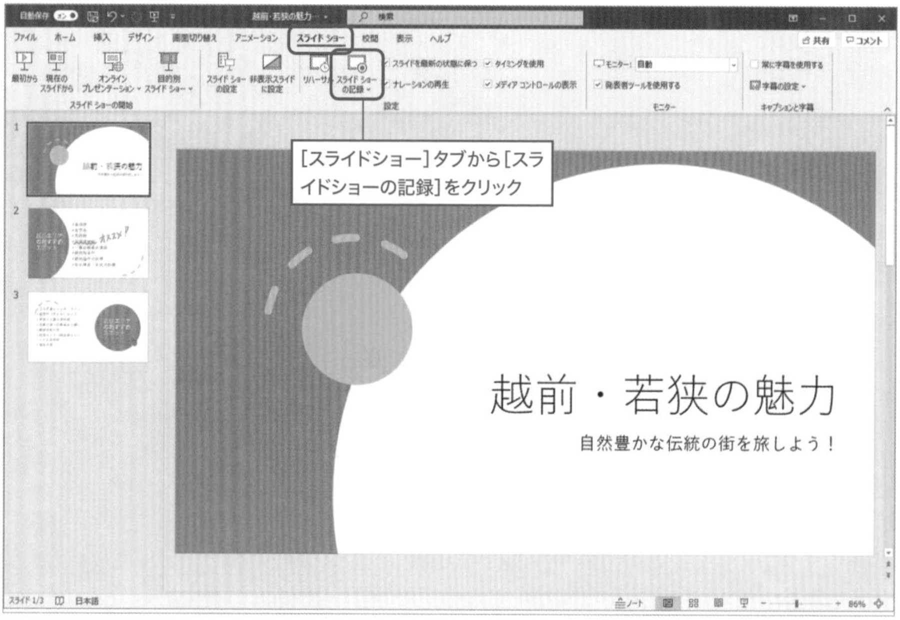

「スライドショーの記録」画面

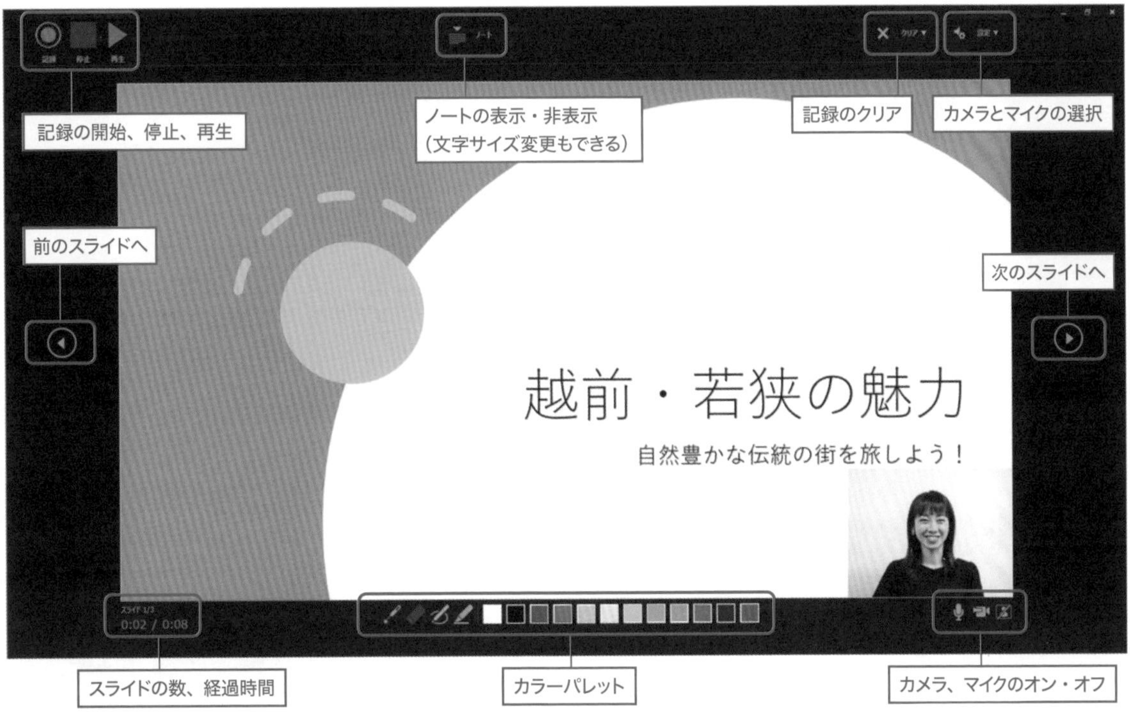

スライドショーを記録・停止・再生する

左上にある赤い［記録］ボタンをクリックすると「3、2、1」とカウントダウンが表示され記録がスタートします。

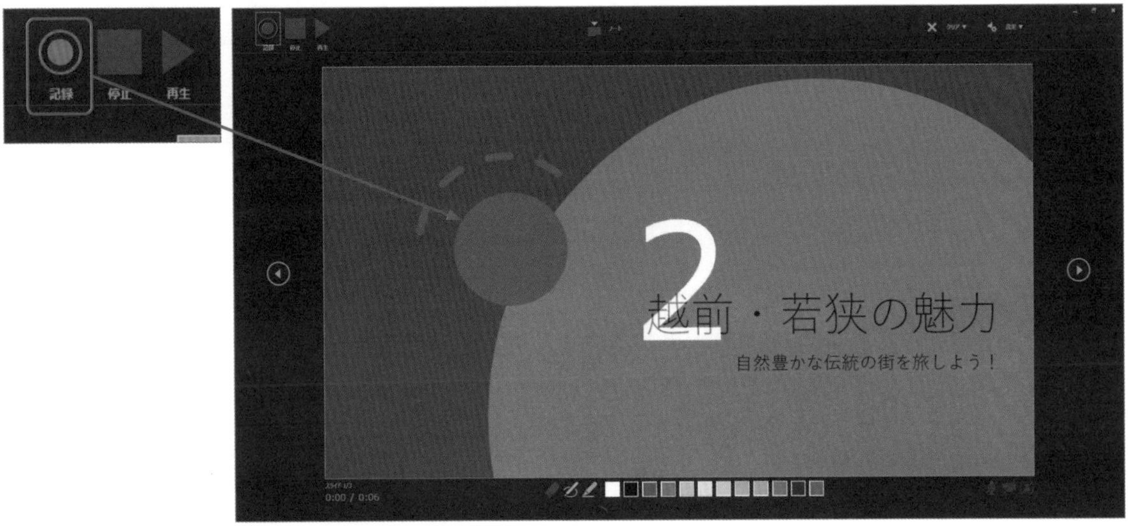

注意

記録中にアニメーションの効果をスキップした場合や停止した場合は、あらかじめ設定していたアニメーション効果ではなく、操作した内容がそのまま記録されます。

基本的に、**記録中に操作した内容（アニメーションや画面への描画など）がそのままのタイミングでスライドに記録されていきます。**

［停止］ボタンを押すまでの操作（動き）が記録されていくので、複数のスライドを移動しながら一度に記録することもできます。記録を開始すると、［記録］ボタンは［一時停止］ボタンに変わり、記録を一時停止することも可能になります。

記録が終了したら、［再生］ボタンをクリックして記録された内容を確認することができます。基本的にはスライド1枚ごとに記録をしていきます。

参照

さらに詳細な撮り方の手順例は32ページ参照。

ヒント

複数のスライドを切り替えながら一度に記録を行う場合、画面切り替え中は音声等が記録されません。切り替えの効果によっては、音声が途切れる場合があるので、1枚ずつ記録していくのがおすすめです。

記録のやり直しは［クリア］から指定

［再生］で記録された内容を確認したあと、**記録をやり直したい場合には［クリア］を指定**します。

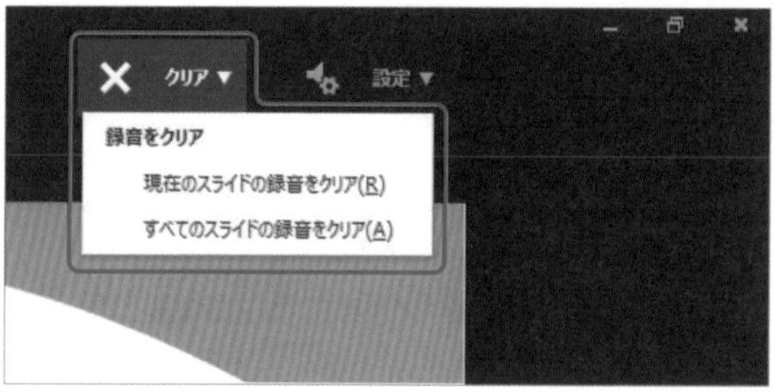

現在のスライドの録音（動画も含めて）をクリア（消去）するのか、これまで記録してきたすべての記録（すべてのスライド）をクリア（消去）するのかを選択できます。

［現在のスライドの録音をクリア］を選択してスライドごとに記録をしていくのが効率的です。また、あとからスライドに戻って、スライドごとに記録の撮り直しもできます。

カメラやマイクが接続されていれば、映像や音声が記録できる

注意

ワイプ形式での映像の記録はWindows版だけの機能です。Mac版は音声のみとなります。

パソコンにカメラが接続されていれば（カメラ付きのパソコンも）、**右下にワイプ形式でカメラの映像がリアルタイムに表示・記録されます**。同様に、**マイクが接続されていれば音声も記録できます。**

カメラとマイクのオン・オフは画面右下のアイコンをクリックして切り替えることができます。

マイクとカメラのオン・オフの4パターン

パターン1 マイク、カメラすべて「オフ」の場合は、スライドショーの動きだけを記録します。

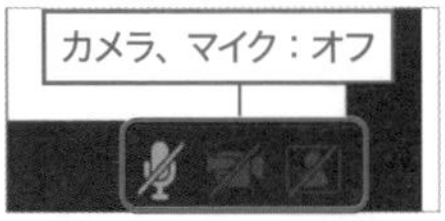

パターン2 マイクは「オン」、カメラは「オフ」の場合は、音声とスライドショーの動きだけを記録します。

パターン3 マイク、カメラともに「オン」の場合は、音声、映像、スライドショーすべての動きを記録します。この場合、右下にカメラのワイプ映像が挿入されます。

パターン4 マイク、カメラともに「オン」で、音声、映像、スライドショーすべての動きを記録しますが、ワイプ表示をオフにすれば、記録中はワイプ映像は表示されません。

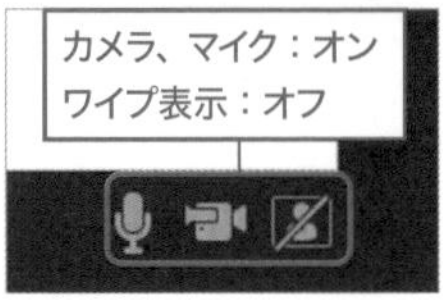

この場合、右下にカメラのワイプ映像は表示されていませんが、記録はされています。記録される結果はパターン3と同じです。

複数のマイク、カメラから利用するものを指定する

パソコンに複数のカメラやマイクがある場合、それらのなかから選択が可能です。右上の［設定］から記録に使用したいカメラ、マイクを選ぶことができます。より高度な記録を行いたい場合などに利用できます。

解説しながら線をひく、色を付ける、注目させる

スライドの解説を行いながら、マウスやペンを使って画面に色を付けたり、線を引いたりすることができます。

描画を行う場合は、画面下部のカラーパレットから、ペンの種類（ペン、蛍光ペン）を指定してから色をクリック（タップ）して選択します。

線を消す場合には［消しゴム］を選択して、引かれた線の上をなぞるようにドラッグすると消すことができます。**これら動きもすべてスライドの動きとして記録されていきます。**

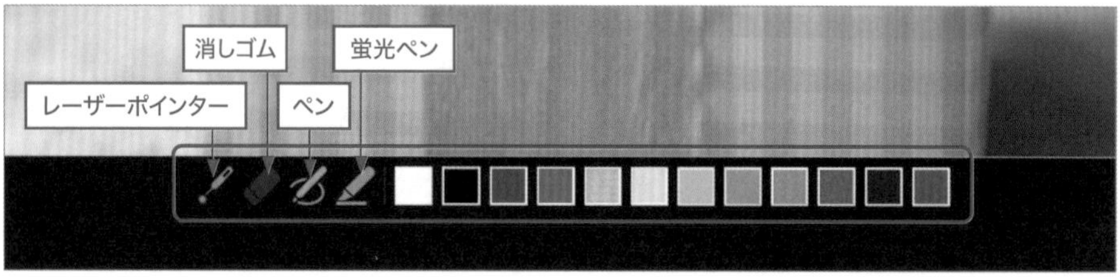

カラーパレットの左端にある［レーザーポインター］を選択すると、マウスポインターがレーザーポインター表示になり、注目させたいところを指して視聴者の目を惹くことができます。

ヒント

PowerPointのバージョンによっては、［レーザーポインター］が表示されない場合があります。この場合は、画面上で右クリックして表示されるメニューから［ポインターオプション］－［レーザーポインター］を選択すると、マウスポインターがレーザーポインター表示に変わります。

あるいは、キーボードの Ctrl キーを押しながら、マウスの左ボタンをクリックしドラッグするとレーザーポインターとして機能します。

原稿を記載できる「ノート」をプロンプターに

メモ

ノートの文字サイズを変更することも可能です。

PowerPointには「ノート」という機能があります。ノートとは、作成者が自分用の覚書きなどをメモとして記録できる場所で、**プレゼン時などの説明用原稿を記載しておいたり、説明すべき要点などを記載**しておいたりという使い方が一般的です。プレゼンテーション時には視聴者には見えません。

このノートは、「スライドショーの記録」でも活用できます。スライド作成時に「ノート」に原稿やメモなどを記載しておくことで、記録時の「ノート」をクリックしてそれらを表示させることが可能です。この**「ノート」はスライドショーの記録時には画面上に見えていますが、記録はされません。**ちょうど演説・講演等で利用される透明のプロン

プターのような働きをします。

ノートパソコンの画面上部にカメラがある場合、このノートを頼りながら記録を行っていくと、顔出しワイプ動画の場合には目線が下がったり原稿を読んだりしているような雰囲気にならないので、ぜひ活用したい機能です。

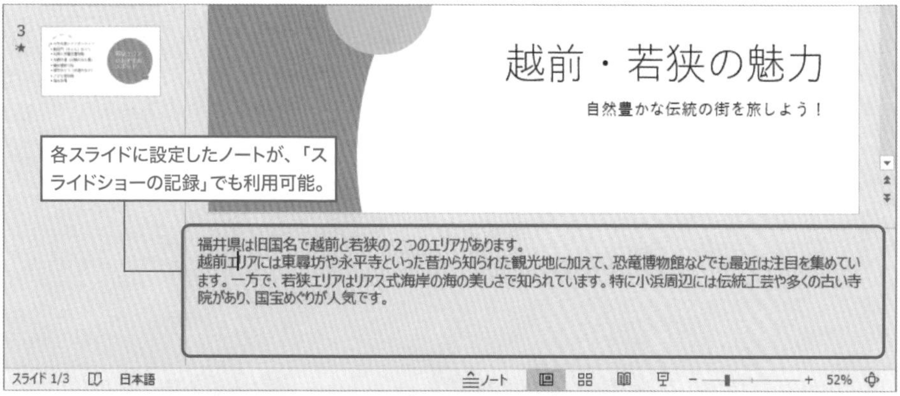
越前・若狭の魅力
自然豊かな伝統の街を旅しよう！
各スライドに設定したノートが、「スライドショーの記録」でも利用可能。
福井県は旧国名で越前と若狭の２つのエリアがあります。
越前エリアには東尋坊や永平寺といった昔から知られた観光地に加えて、恐竜博物館などでも最近は注目を集めています。一方で、若狭エリアはリアス式海岸の海の美しさで知られています。特に小浜周辺には伝統工芸や多くの古い寺院があり、国宝めぐりが人気です。
スライド 1/3
日本語
ノート
52%

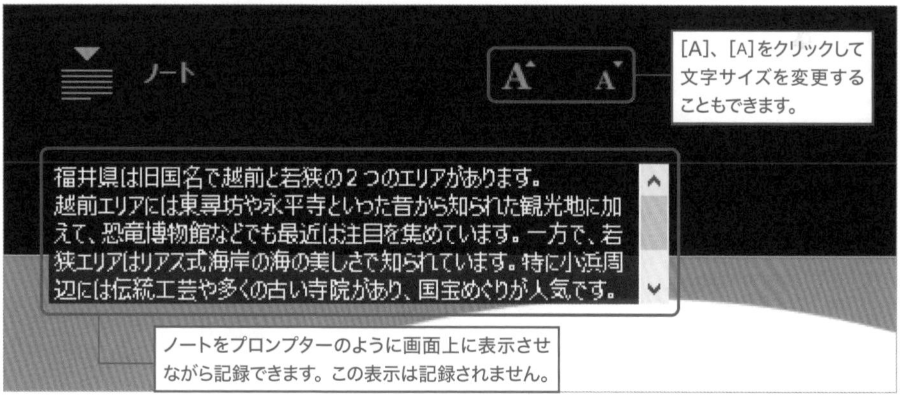
ノート
[A]、[A]をクリックして文字サイズを変更することもできます。
福井県は旧国名で越前と若狭の２つのエリアがあります。
越前エリアには東尋坊や永平寺といった昔から知られた観光地に加えて、恐竜博物館などでも最近は注目を集めています。一方で、若狭エリアはリアス式海岸の海の美しさで知られています。特に小浜周辺には伝統工芸や多くの古い寺院があり、国宝めぐりが人気です。
ノートをプロンプターのように画面上に表示させながら記録できます。この表示は記録されません。

スライドの番号と全体のスライド数

スライド左下には、現在編集しているスライドの番号と全体のスライド数が表示されます。また、記録している時間も表示されます。

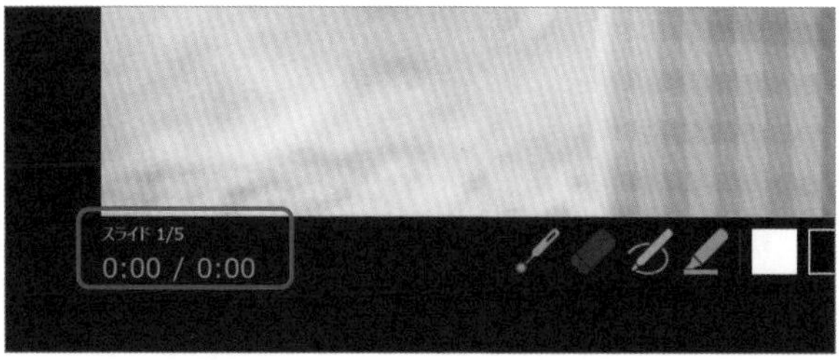
スライド 1/5
0:00 / 0:00

2-2
実際に記録してみよう
―記録のためのノウハウ―

ここからは、解説動画の記録を行うときの手順を実際のサンプルスライドを見ながら説明していきます。基本的な操作説明や手順に加えて、実際に記録するときに効率よく作業できるようにするためのノウハウについても紹介します。

PowerPointのスライドの特性を活かして、できるだけ編集作業をせずに動画を作成するための流れを2つのサンプルパターンを例に説明します。

スライドを1枚ずつ記録していく場合の手順

ステップ1 スライドショーの記録を開始する

解説動画のためのスライドが完成したら、スライド1枚ごとに記録をしていきます。

1 [スライドショー]のタブを選択し、[スライドショーの記録]をクリックします。

2 [スライドショーの記録]画面に切り替わります。黒で囲まれた内側のスライド部分が記録されていきます。左上の[記録]ボタンをクリックすると、3、2、1とカウントダウンが始まり記録スタートです。

参照

ワイプ画面の位置はあとから移動させたり、大きさ、形を変えたりすることができます。39ページ参照。

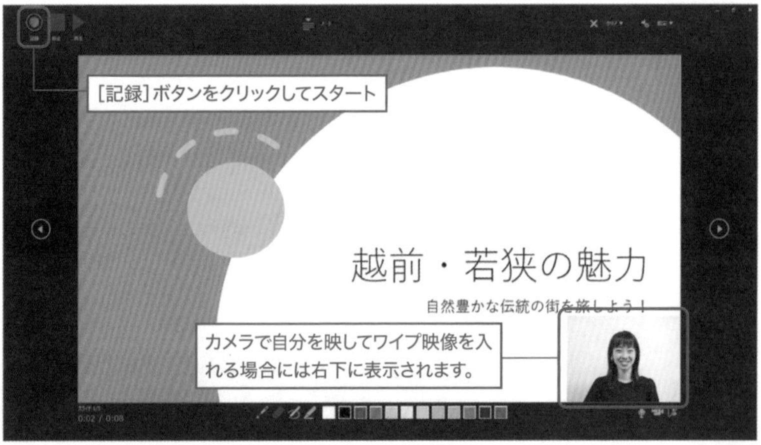

この1枚目のスライドでは、解説者をワイプで映しながら、マイクから「これから越前・若狭の魅力の数々をお伝えします」と解説している音声を記録しています。

ワイプ映像を記録しているときは、右下のワイプ画面に赤い●が表示されるので、録画していることがわかります。

[停止]をクリックすると、そのスライドの記録を終了します。
[一時停止]をすることもできます。再度クリックすると記録を再開します。
越前・若狭の魅力
自然豊かな伝統の街を旅しよう！

3 スライドの内容に応じて、パソコンの内蔵カメラ、マイクに向かって説明をしていきます。説明が終了したら、[停止]ボタンをクリックして記録を停止します。

ステップ2 記録された内容を再生して確認する

「スライドショーの記録」があるスライドは[再生]ボタンが青くなります。ここをクリックすると、記録された内容を再生して、解説が適切に記録されているか確認することができます。音声やスライドに設定したアニメーションのタイミング、自分の操作（ペンでの描画など）が適切かを確認します。

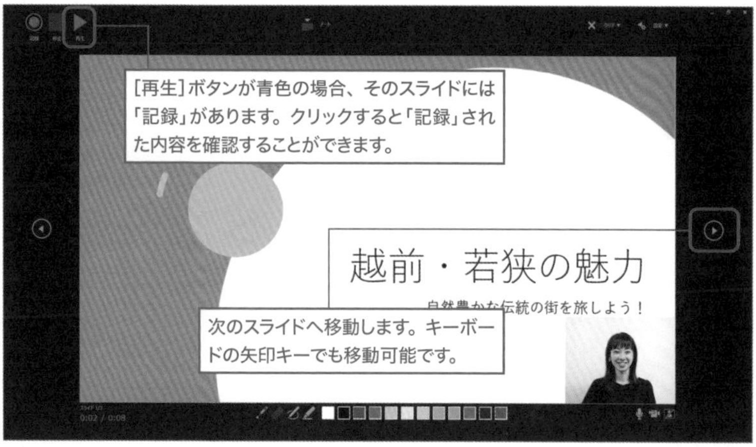
[再生]ボタンが青色の場合、そのスライドには「記録」があります。クリックすると「記録」された内容を確認することができます。
越前・若狭の魅力
次のスライドへ移動します。キーボードの矢印キーでも移動可能です。

話した内容でOKであれば、このスライドの記録は完了です。

ステップ3 2枚目のスライドの記録 ーペンで文字を書いてみる

次に、2枚目のスライドの記録です。

記録画面の右側の▶をクリック、またはキーボードの→キーを押して次のスライドに移動します。次のスライドでも、先ほどと同様に[記録]をクリックしてカウントダウンで記録がスタートします。

2枚目のスライドでは、具体的なおすすめスポットをスライドで示しながら、音声での解説を行っています。解説に合わせて、蛍光ペン(緑)で線を引いて「オススメ！」と文字を書いてみました。このような操作をした動きもそのまますべて記録されます。

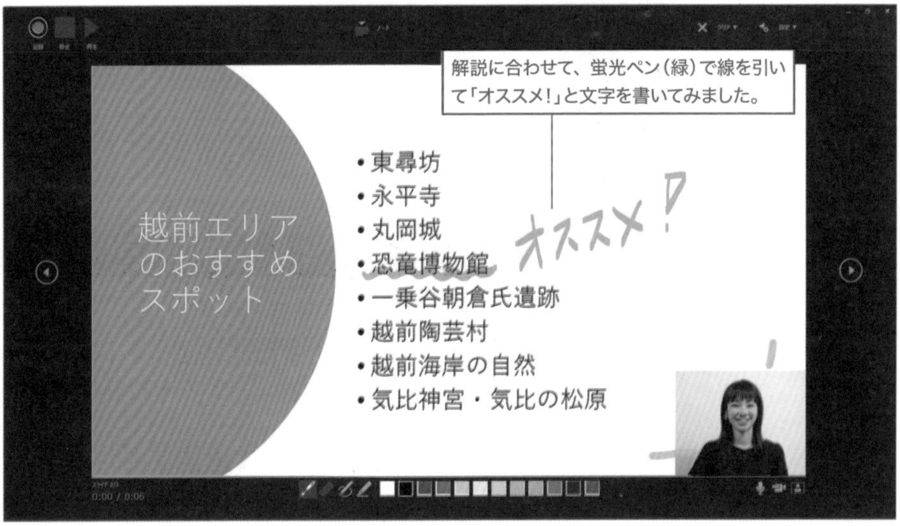
解説に合わせて、蛍光ペン(緑)で線を引いて「オススメ!」と文字を書いてみました。
越前エリアのおすすめスポット
• 東尋坊
• 永平寺
• 丸岡城
• 恐竜博物館
• 一乗谷朝倉氏遺跡
• 越前陶芸村
• 越前海岸の自然
• 気比神宮・気比の松原
オススメ！

解説を間違えても、記録はやり直せる

[停止]をクリックして、記録を終了後、[再生]で内容の確認を行ったところ、一部、説明を間違えた箇所がありました。でも、大丈夫。記録はやり直しができます。

画面右上の[クリア]を選び[現在のスライドの録音をクリア]をクリックして、記録を消去します。

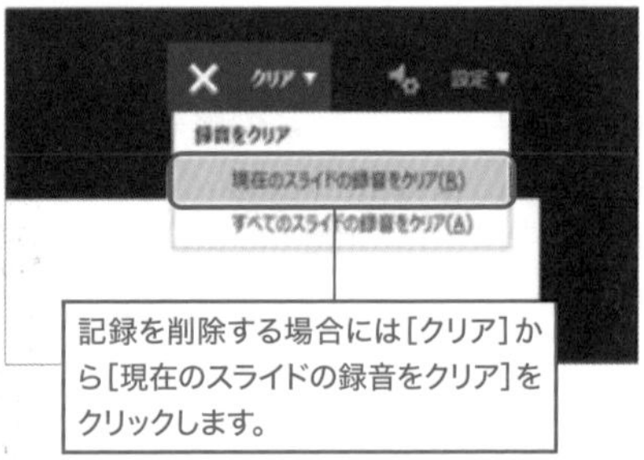
クリア
設定
録音をクリア
現在のスライドの録音をクリア(R)
すべてのスライドの録音をクリア(A)
記録を削除する場合には[クリア]から[現在のスライドの録音をクリア]をクリックします。

注意

記録を消去するときに、[すべてのスライドの録音をクリア]をクリックすると、そのファイルすべての記録が消去されるので注意が必要です。

その後、再度、撮り直しのため[記録]をクリックして、先ほどの記録の手順を繰り返します。[再生]で内容の確認を行い、OKであれば、3枚目のスライドに移ります。

途中まで記録して編集する場合
―言い間違えても、編集可能!

途中で言い間違えた場合、30秒程度の解説であれば、前項で紹介した方法と同様に［クリア］を選択して撮り直しをしたほうが早いです。しかし、長い説明を行っている場合、すべて最初から撮り直すのは手間も時間もかかってしまいます。

3枚目のスライドでは、撮り直しではなく、途中まで話した内容を残したまま、**間違えた箇所から続きを記録する**方法を紹介します。

ステップ1 間違えた箇所で停止して、複製したスライドで続きを記録する

長い説明を行っていて、間違えた箇所までの記録は活かしたい、という場合には次の方法で簡易な編集をすることで、前半部分を活かしながらの記録が可能です。

1 1、2枚目のスライドの記録同様に、［記録］ボタンをクリックしてスライドを記録します。

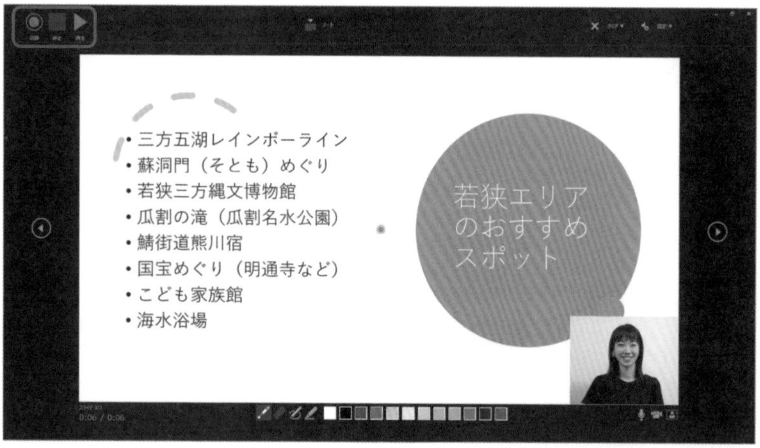

2 間違えた時点で、［停止］ボタンをクリックします。

3 記録していたスライド（ここでは3枚目）を選択して右クリックし、表示されるメニューから［スライドの複製］を指定します。

スライドが複製されて並びます。複製（コピー）したほうの新しいスライドに、言い間違えたところからの続きを記録していきます。

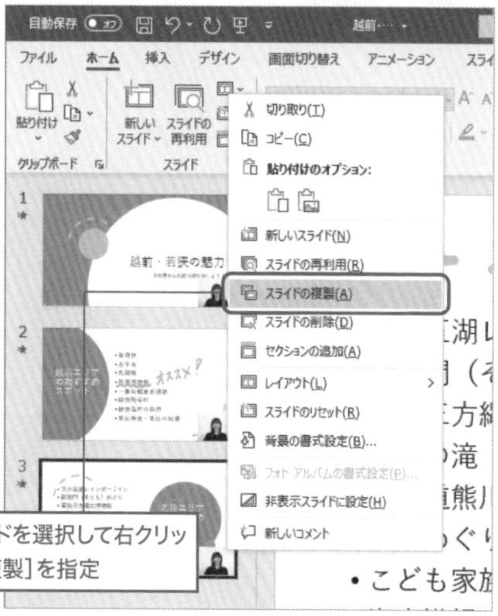

記録していたスライドを選択して右クリックし、［スライドの複製］を指定

> **メモ**
> Ctrl キーを押しながらマウスで複製したいスライドをドラッグしても、簡単に複製ができます。

4 複製したスライドを選択して、[スライド]タブの[スライドショーの記録]をクリックします。

> **メモ**
>
> 「画面切り替え」の効果が設定されている場合には、複製したほうのスライドの効果を[なし]にしてください。

5 記録の情報も一緒に複製されるので、複製したスライドのほうの記録を[クリア]−[現在のスライドの録音をクリア]で削除します。

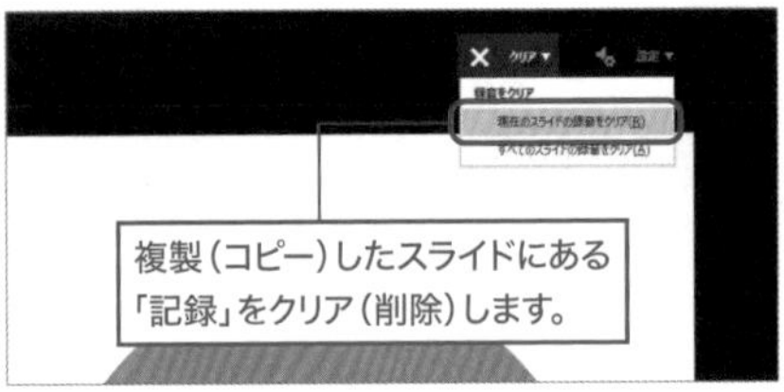

6 これまでの手順と同様に、言い間違えた続きから記録していきます。

ステップ2 ワイプ映像で、間違えた場所をカットする

次に、言い間違えたほうのスライドを部分消去し、2つのスライドをつなぎます。

> **メモ**
>
> ワイプ映像の上を右クリックして表示される[トリム]をクリックしてもビデオのトリミングができます。

1 複製元（言い間違えをしたほう）のスライドに戻って、ワイプ映像をクリックして選択します。

2 [再生]タブが表示されるので選択し、リボンから[ビデオのトリミング]をクリックします。

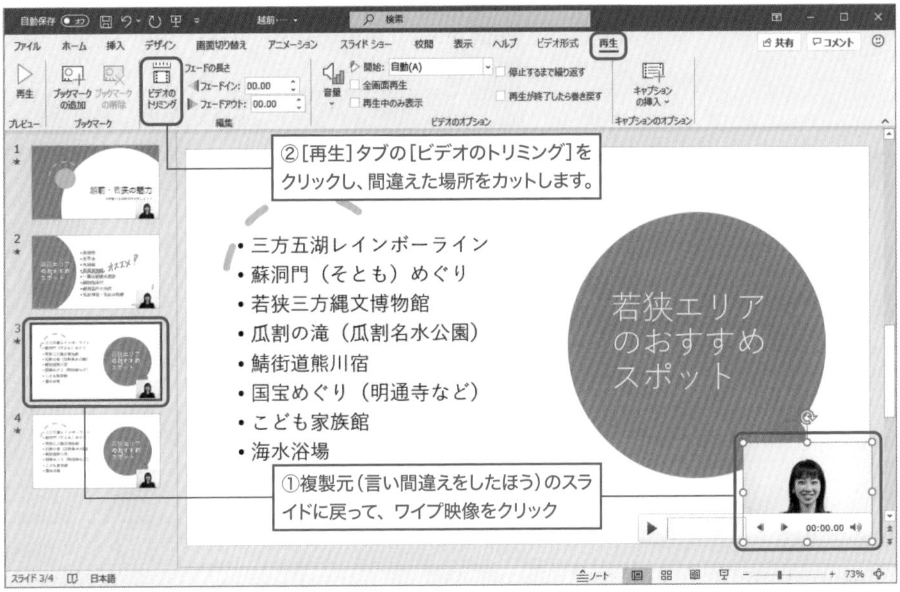

メモ

映像の長さの調整は、[開始時間] や [終了時間] の欄でも直接指定できます。

3 [ビデオのトリミング] というウィンドウが立ち上がります。ここで、選択したワイプ映像の開始時間や終了時間を調整して、必要なところを取り出すことができます。

この映像の後半部分（赤いスライダー）を調整して、言い間違えたところをカットします。

たとえば、50秒のワイプ映像で、言い間違えた最後の5秒をカットして、「00:45:000」(45秒) にするよう設定してみました。この終了時間は別の設定でも必要なので、記憶しておきます。

映像の長さを調整（動画の前後をトリミング）できます。言い間違えた不要な部分をカットします。

4 トリミングの位置がよければ [OK] をクリックして確定させます。これで、ワイプ映像の言い間違えた部分は削除できました。

スライドの切り替えのタイミングをワイプ映像の長さに合わせる

前項の操作でワイプ映像の言い間違いは削除されますが、スライドが終了した記録は50秒のままなので、動画として保存したときに（再生で確認できます）、5秒間の無音の状態として残ってしまいます。そこで、**スライドの切り替えのタイミングをワイプ映像の長さに合わせる**必要があります。次のように設定していきます。

1 [画面切り替え] タブを選択し、リボン右端にある [画面切り替えのタイミング] の [自動] にある時間設定を、映像の長さと同じ（または少し長め）に設定します。

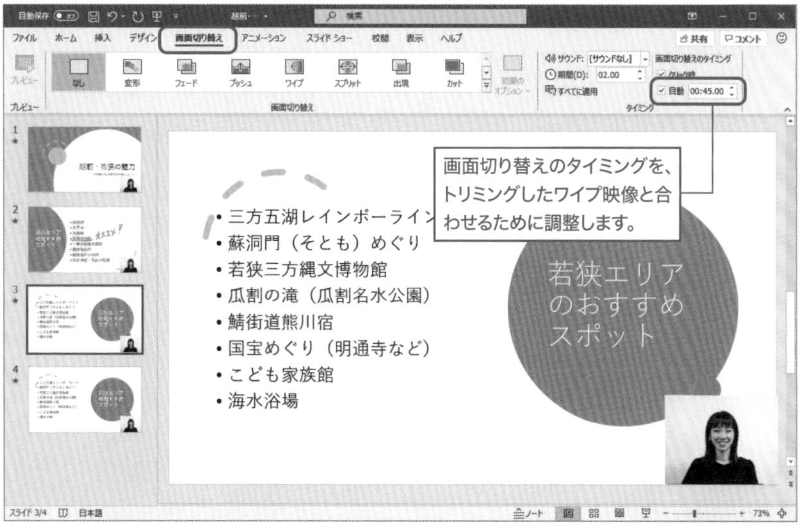

設定後に、[スライドショー] タブの [スライドショーの記録] に戻って、[再生] してみて、説明の動画が自然につながるか確認します。

この手順で、最初からすべてを撮り直す必要がなくなるので記録作業の効率アップができます。

ステップアップ

事前にスライドを複数準備(編集を極力減らして楽に記録するために)

1枚のスライドの説明が長くなりそうな場合(例：2〜3分以上など)、あらかじめ、同じスライドを複数準備して、分割して記録していくほうが効率的です。極力「編集」作業を減らしていくことが作業効率アップのコツです。

同じスライドを複数並べて準備しておくと効率的

2-3 記録されたスライドを調整する

記録されたスライドは、あとから調整することも可能です。ワイプ画面のサイズや配置、色の調整のほか、記録後のスライド内の文字の修正やオブジェクトの再配置など、通常の動画編集作業では不可能な後修正がPowerPointでは記録後に可能です。これらの基本的な操作方法について説明していきます。

ワイプ画面のサイズや配置の調整

ワイプ映像の画面は、オブジェクトの一つとしてスライド上に配置されているので、記録後は自由に位置を変更したり、サイズを変えたりすることができます。

配置やサイズを調整する

右下にあるワイプ画面を選択し、ドラッグすることで画面上のあらゆる場所に配置することが可能です。また、サイズを変えたり、回転させたりすることもできます。

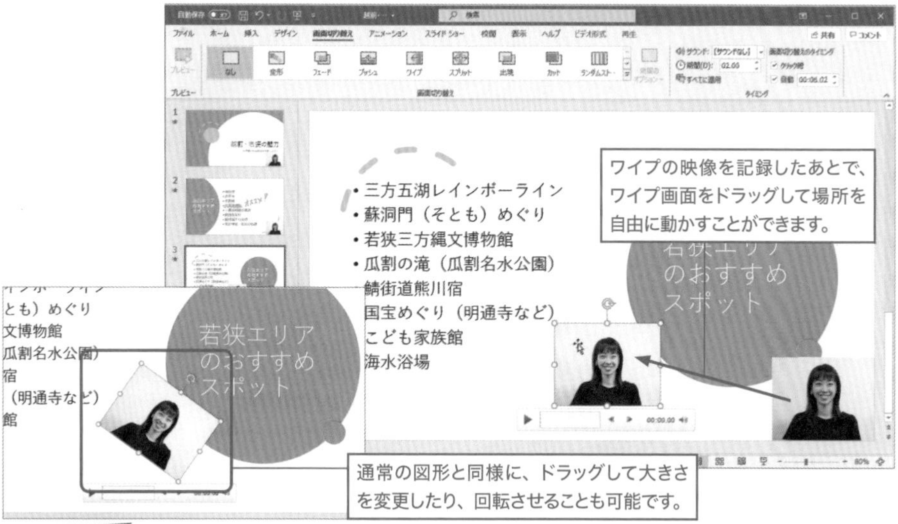
ワイプの映像を記録したあとで、ワイプ画面をドラッグして場所を自由に動かすことができます。
・三方五湖レインボーライン
・蘇洞門（そとも）めぐり
・若狭三方縄文博物館
・瓜割の滝（瓜割名水公園）
鯖街道熊川宿
国宝めぐり（明通寺など）
こども家族館
海水浴場
若狭エリアのおすすめスポット
通常の図形と同様に、ドラッグして大きさを変更したり、回転させることも可能です。

ヒント

記録時のワイプ画面は右下にしか表示されません。最終的にワイプ画面を左に配置させ「右をごらんください」などと説明する場合は、記録時から「右にある項目を説明する」ことを想定して話をする必要があります。

映像に効果をつけたり、明るさ・コントラストを調整する

［ビデオ形式］タブを選択すると、映像にさまざまな効果を設定することが可能です。

ワイプ画面をクリックして、［修正］から、映像の［明るさ/コントラスト］を調整することもできますし、［色］の変更も可能です。

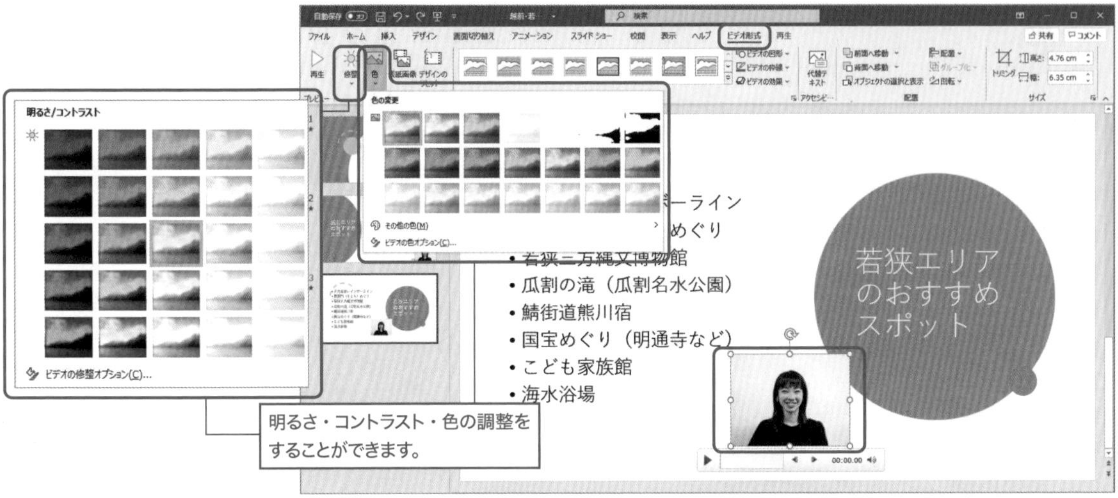
明るさ/コントラスト
色の変更
ビデオの修整オプション(C)...
瓜割の滝（瓜割名水公園）
鯖街道熊川宿
国宝めぐり（明通寺など）
こども家族館
海水浴場
若狭エリアのおすすめスポット
明るさ・コントラスト・色の調整をすることができます。

トリミングで、表示画面の大きさを調整する

［ビデオ形式］タブの［トリミング］は動画の長さの調整ではなく、**画面の不必要な部分を切り取る**機能です。写真などのトリミング同様に、必要な箇所だけを残す調整が可能です。

ワイプ画面をクリックして、［トリミング］を選択し、ワイプ画面のフレームをマウスでドラッグして切り取る部分を調整します。

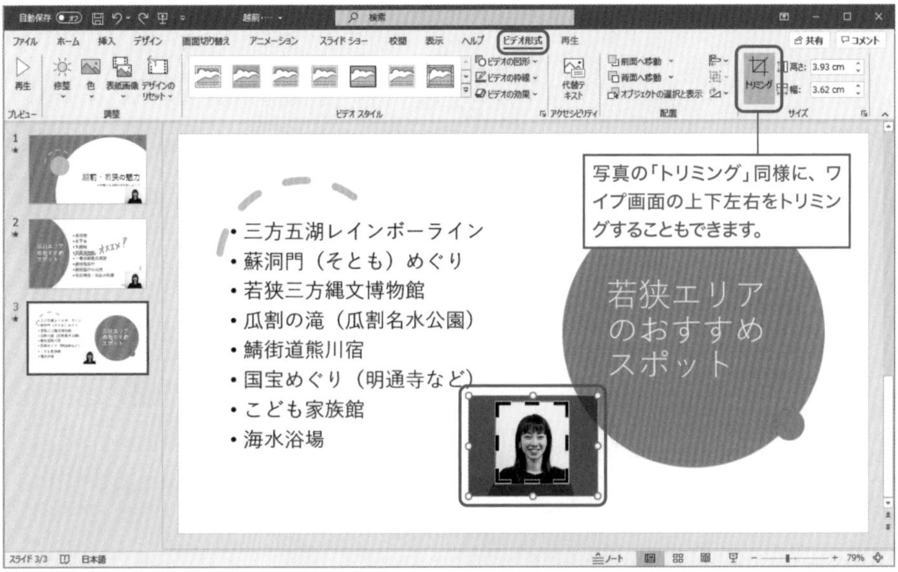
写真の「トリミング」同様に、ワイプ画面の上下左右をトリミングすることもできます。
三方五湖レインボーライン
蘇洞門（そとも）めぐり
若狭三方縄文博物館
瓜割の滝（瓜割名水公園）
鯖街道熊川宿
国宝めぐり（明通寺など）
こども家族館
海水浴場
若狭エリアのおすすめスポット

画面のフレームを変更する

［ビデオスタイル］では、ワイプ画面のフレームの形や色・太さを変更したり、影やぼかしなどのさまざまな効果を設定することができます。あらかじめ用意されているスタイルを選べば、手軽にさまざまな効果が設定されたフレームに変更可能です。

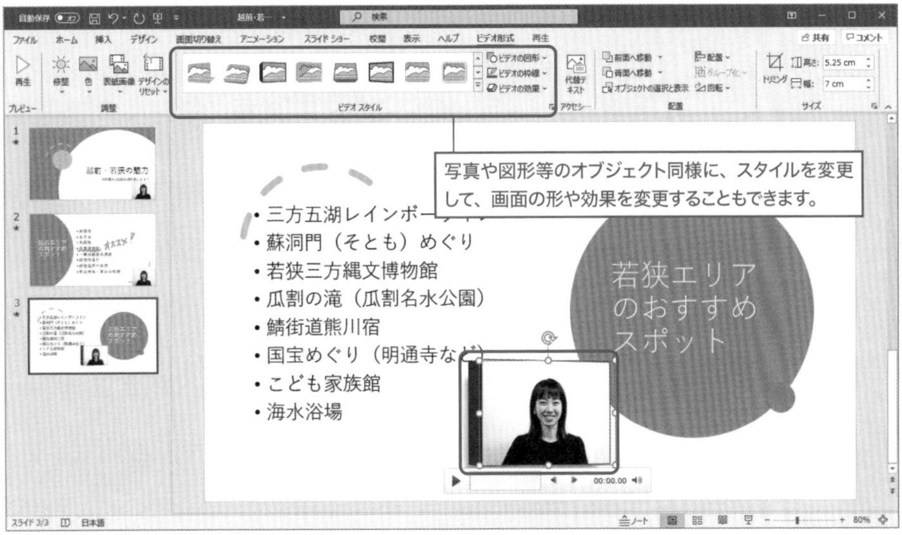
写真や図形等のオブジェクト同様に、スタイルを変更して、画面の形や効果を変更することもできます。
ビデオ スタイル
・三方五湖レインボーライン
・蘇洞門（そとも）めぐり
・若狭三方縄文博物館
・瓜割の滝（瓜割名水公園）
・鯖街道熊川宿
・国宝めぐり（明通寺など）
・こども家族館
・海水浴場
若狭エリアのおすすめスポット

スライドの文字修正、色の変更

通常の動画撮影や編集と大きく違うのが、**スライドの文字や色の修正があとからでも可能**である点です。

たとえば、記録時にスライドの表記にタイプミスや表現上の間違い、文字のサイズが小さすぎる等の修正点を見つけた場合、記録が終わったあとでも修正することができます。

注意

大幅なアニメーションの変更は記録手順に影響を与えるので注意が必要です。［アニメーションウィンドウ］から調整はできますが、記録し直したほうが効率的です。

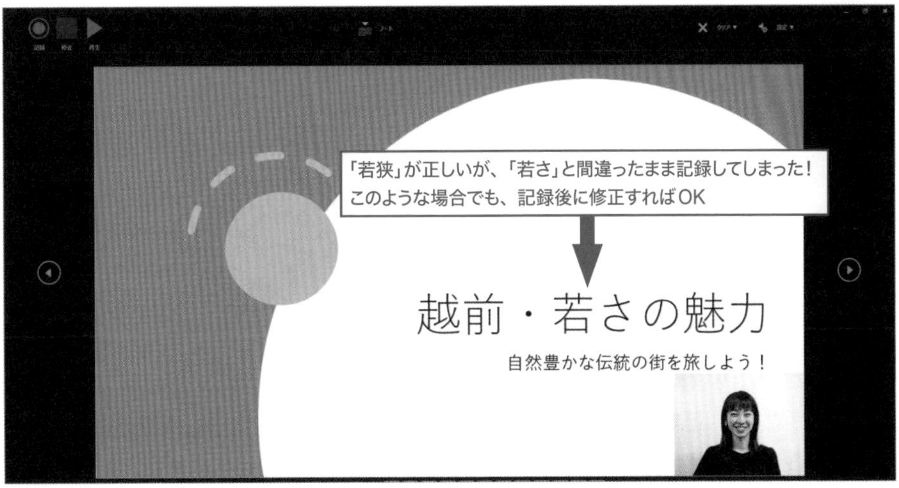
「若狭」が正しいが、「若さ」と間違ったまま記録してしまった！
このような場合でも、記録後に修正すればOK
越前・若さの魅力
自然豊かな伝統の街を旅しよう！

2-4
スライドを「動画」として書き出す

記録されたスライドを、**最終的に「動画」へと変換して保存**する方法を説明していきます。動画にせずに、このまま自動再生するPowerPointスライドとしても利用できますが、オンライン授業やYouTubeの配信のためには動画に変換する必要があります。また、パソコンやスマートフォン等のプラットフォームが違っても汎用的に再生できるという点からも動画への変換は効果的です。

スライドを「動画」として書き出すには［エクスポート］を指定

記録したスライドを「動画」として書き出す場合には、通常の［保存］ではなく、**［エクスポート］を指定**します。表示されたエクスポートのメニューの中から**［ビデオの作成］**を選んでください。この場合、［記録されたタイミングとナレーションを使用する］が選択されていることを確認します。

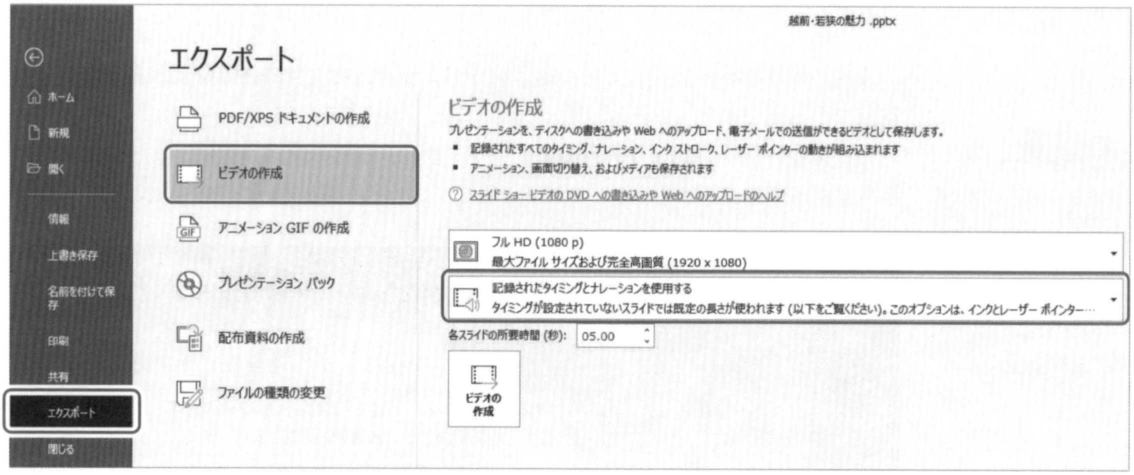

動画の保存サイズの考え方

［エクスポート］の画面では、動画の画質についても指定できます。［フルHD（1080p）］をクリックすると、プルダウンメニューから４種類の画質を選ぶことができます。動画

にする画質にはさまざまなものがありますが、**それぞれの用途に応じて選択**してください。

プロモーションビデオなど画質にこだわった動画の場合には［フルHD］以上を選択することで美しい画質のまま動画に変換できます。しかし、**スライドの素材（映像）がフルHD以上の画質になっていないときれいな動画にはならない**ので注意が必要です（フルHDを選ぶことで画質が向上するわけではありません）。

また、**高画質を選択するほど、作成される動画のファイルサイズは大きくなります。**利用する再生環境（パソコンで再生、ネットワーク上で再生、YouTubeのような再生プラットフォームを利用して再生）によって選択する画質を考慮する必要があります。

ヒント

文字がメインか、写真や映像がメインかによって変わりますが、講義系の授業動画であれば「HD（720p）」程度の画質があれば十分に文字等も見ることが可能です。

以上を確認後、［ビデオの作成］をクリックすると、［名前を付けて保存］ダイアログボックスが表示されるので、保存場所やファイル名、ファイルの形式を確認して保存します。

保存できるファイル形式（動画形式）は**「MPEG-4ビデオ（*.mp4）」か「Windows Mediaビデオ（*.wmv）」**です。動画を作成したWindowsパソコンで再生する場合にはWindows Mediaビデオでいいのですが、MPEG-4ビデオ形式のほうが汎用性があります。他のプラットフォーム（タブレットやオンライン配信等）で再生する可能性がある場合には**MPEG-4ビデオ形式（*.mp4）を選択することをおすすめ**します。

2-5 動画の配信方法について

ここでは、PowerPointを動画配信する場合の媒体の違いによるメリット・デメリットや配信媒体の主流であるYouTubeでの配信設定の考え方、便利な機能などを紹介します。

さまざまな配信方法とメリット・デメリット

作成した動画をどのように活用するかは、その目的によってさまざまです。パソコンで再生する場合もあれば、CDやDVD等に書き込んで配布する場合、そして、近年ではインターネット上での配信というのも一般的になってきました。

それぞれの配信方法に関するメリット、デメリットは次の表のとおりです。

配信媒体とメリット・デメリット

配信媒体	メリット	デメリット
YouTube等の動画配信サイト	・手軽に配信できる ・多くの人が利用可能なプラットフォーム ・自分で動画を管理しなくてよい（保存容量等） ・通信環境に応じて、動画配信が最適化される ・限定公開などの細かいオプションがある（※サービスにより変わります） ・自分のブログやSNS、授業用ページ（LMS等の学習管理システム）に容易にリンクを貼って共有できる	・インターネット環境が必須（原則、インターネット環境がないと動画を見ることができない） ・通信環境によっては負荷（料金等も含めて）がかかる
自分のホームページ、ブログ等での公開（個人サーバーでの公開）	・自分で動画の管理をすることができる	・設置・設定のための技術が必要 ・動画の保存容量等の確保
SNS（ツイッター、Facebook等）	・手軽に配信、特定の人に対して見てもらうことが可能	・タイムライン等で流れてしまうため、過去を振り返ることが困難 ・長い動画には不向き
DVD等の物理メディア	・ネット環境がなくても動画を配布できる	・再生するための環境（テレビ、プレーヤー等）が必要

一番手軽で便利なのはインターネットの動画配信サイトでの配信です。そこで、一番メジャーな配信サイトでもあるYouTubeについて、その配信方法と注意点などを説明します。

YouTubeで配信する
—Googleアカウントの作成から配信までの流れ

YouTubeで配信するためには**Googleアカウントの作成とYouTubeチャンネルの開設が必要**です。Googleアカウントの作成は、Googleのサイトから行えるほか、YouTubeのサイトからも行うことができます。チャンネルの開設方法の詳細についてはYouTubeのサイトで確認してください。煩雑な手続きいらずで、簡単に開設できます。

チャンネル作成により、動画を投稿・公開できるようになる

Googleアカウントの作成

YouTubeにログインして動画を公開するためには、Googleアカウントを作成する必要があります。現在、何らかのGoogleのサービスを利用している場合には、Googleアカウントはすでに作成されています。

YouTubeにログインするときには、Googleアカウントのメールアドレスとパスワードを利用します。また、Googleアカウントを削除すると、YouTubeでのログインもできなくなりますし、かつ、登録していたすべての動画やチャンネル登録が削除されるので注意が必要です。

メモ

Androidのスマートフォンを使用していたり、Gmail、Googleカレンダーなどのサービスを利用していれば、Googleアカウントは作成されています。

YouTubeチャンネルの開設

動画を投稿・公開する場合には、YouTubeにログインして、YouTubeチャンネルを作成する必要があります。

【個人のチャンネルを作成する場合】

1 Googleアカウントを利用してYouTubeにログインします。

2 動画の評価やコメントの投稿など、チャンネル作成が必要な操作を仮にしてみます。

3 自分のチャンネルが未作成の場合には、チャンネルを作成するよう促されるメッセージが表示されるので、あとは画面の指示に従ってチャンネル作成を行ってください。

【仕事等で別名でチャンネルを作成する場合】

1つのYouTubeアカウント（Googleアカウント）で複数のチャンネルを作成することが可能です。この場合は「ブランドアカウント」を使用します。

1 Googleアカウントを利用してYouTubeにログインします。

2 アカウントのチャンネル一覧のページ（下記URL参照）に移動します。

https://www.youtube.com/channel_switcher

3 一覧のページで、[新しいチャンネルを作成]を選択すると、ブランドアカウントの作成画面になります。

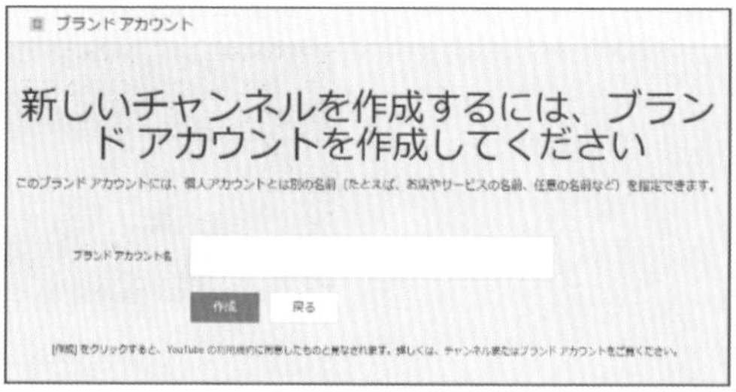
ブランド アカウント
新しいチャンネルを作成するには、ブランド アカウントを作成してください
このブランド アカウントには、個人アカウントとは別の名前（たとえば、お店やサービスの名前、任意の名前など）を指定できます。
ブランド アカウント名
作成
戻る

なお、このブランドアカウントは、個人アカウントと異なり、複数のチャンネル管理者で管理・運用することが可能です。チャンネル作成後、[YouTube Studio（管理画面）]の[設定]－[権限]で管理するユーザーの割り当てを行ってください。

動画のアップロード、公開

YouTubeの公開方法には次の3種類があります。

YouTubeの3つの公開方法 －公開・限定公開・非公開

公開	すべてのユーザーがその動画を閲覧できます。広く多くの人に見てもらいたい場合に「公開」を選択します。
限定公開	動画のリンクを知っているユーザーだけが視聴できます。チャンネルページにも動画は表示されませんし、YouTubeの検索結果にも表示されません。 一般的には、学校等の授業動画や、一部の人だけを対象としたセミナーなどでは「限定公開」を選択するのがおすすめです。また、公開期間が終了したら、「非公開」へと切り替えることもできます。
非公開	視聴できるのは、基本的に自分のみです。この動画がチャンネルまたは検索結果に表示されることはありません。

ヒント

YouTubeで公開する動画の制限は？ ─15分の壁

YouTubeでは、動画の投稿できる時間(長さ)が決まっています。初期設定では15分を超える動画を投稿することができません。

15分以上の動画を投稿・配信するためには「アカウントの確認」が必要です。電話やSMSによる本人確認をすることで、15分以上の動画の投稿が可能になったり、サムネイル画像(再生前に表示される表紙のような画像)を自由に変更したりできます。

動画に「チャプター」を挿入する

YouTubeでは「チャプター」を挿入することができます。

チャプターとは、**1つの動画をいくつかに分割して、目次を作成するような機能**です。それぞれのチャプターは、本の「章立て」にあたるイメージです。DVDなどでもチャプター機能があるので、それを思い浮かべてもらうとわかりやすいと思います。

動画再生中の画面下に表示される進行状況バーがチャプターごとに分割されており、指定したタイトルが表示されるので、視聴者が動画の特定の箇所を探しやすくなります。

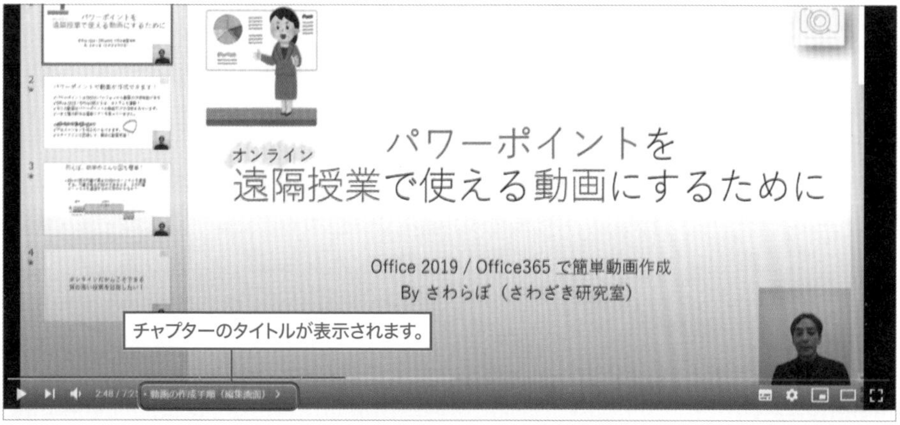
パワーポイントを
遠隔《オンライン》授業で使える動画にするために
Office 2019 / Office365 で簡単動画作成
By さわらぼ（さわざき研究室）
チャプターのタイトルが表示されます。

授業動画のような場合、「この箇所を何度も見てほしい」、「ここで課題説明をしている！」といった場面があると思います。そのような場合、チャプターを入れておくことで、視聴者がその箇所にアクセスしやすくなります。

Office 2019 / Office365 で簡単動画作成
By さわらぼ（さわざき研究室）
進行状況バーがチャプターで分割され、指定の箇所にアクセスしやすくなります。

チャプターを挿入するには、YouTube Studio内で、チャプターを挿入したい動画の**[動画の詳細]画面にある[説明]欄に時間ごとのリストを記載するだけ**です。特別な操

作は不要です。ただし、次のような条件があります。

(1)「00:00 タイトル」のように、0分0秒からスタートするリストを作ること
(2) 3つ以上のチャプターを指定すること
(3) 各チャプターの長さは10秒以上になること

このように、簡単に手間なくチャプターを挿入できるので、長い動画の場合にはぜひ活用したい機能です。動画を作成すると、最初から最後まで飛ばさずに見てほしいと思うものですが、**視聴者は飛ばしながら見たり、繰り返し見たりできることに利便性を感じています。**

授業等でも積極的にチャプターを挿入して、**重要箇所を何度も見てもらえるような授業設計（動画設計）にする**ことで動画作成の効果が高まります。

告知する（URLを伝える）

動画は「公開」に設定すると、YouTube内での検索対象になったり、関連動画に表示されるようになりますが、より積極的に告知を行いたい場合には、動画のアドレスをブログやSNS等で広く拡散する必要があります。

「公開」に設定した場合、その動画の「タイトル」と「説明」欄には動画の内容を的確に表したタイトルと内容を記載するようにしましょう。そうすることで、その動画を探している閲覧者に動画が検索されやすくなります。

授業やセミナーの場合には、ホームページやブログ、学習管理システム（LMS）等から動画へのリンクを掲載するなど、周知の方法が必要となります。

Column

授業動画の設計と学生の視聴行動
ー学生はどうやって授業を見ているか

近年、大学でも遠隔授業が一般化し、多くの大学でオンライン化が進んでいます。リアルタイムでの講義の場合には、学生は教員の講義や指示に従ってやりとりをするわけですが、（YouTube動画のような）自分の都合のよい時間に視聴する「オンデマンド型」での動画による授業の場合、学生（生徒）はどのように授業を見ているのでしょうか。

いわゆる「授業」という枠で考えると、準備された動画を最初から最後まで順番にみていく（シーケンシャル型）ことを想像します。授業動画の作成側もそのような視聴を想定しながら授業を設計し、動画を配信することが多いと思います。

しかし、実際にYouTubeでの授業動画の視聴者維持率を分析すると、必要な箇所を飛ばしながら見ている（ランダムアクセス型）ことがわかります。

一般的な YouTube 動画の視聴者維持率

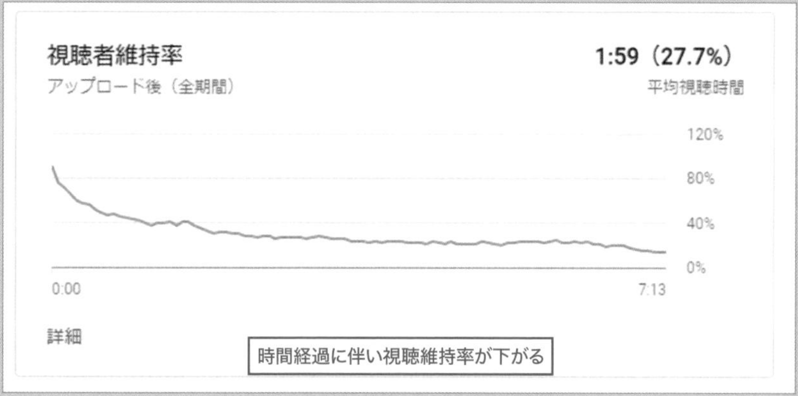

授業動画の視聴者維持率

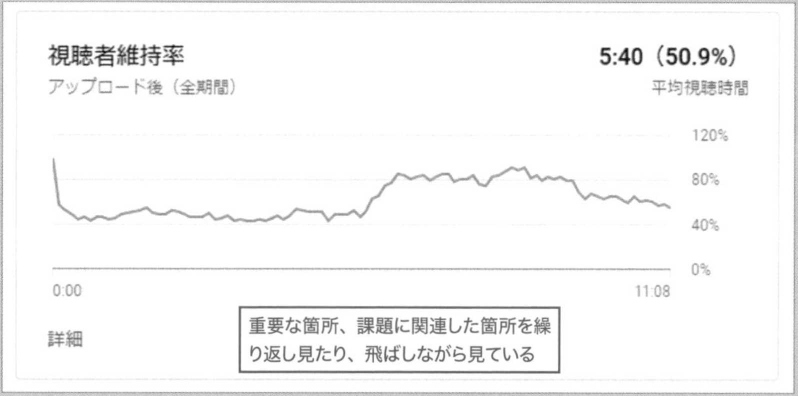

これは、録画されたテレビ番組のCMをスキップしたり、自分の好きなタレントや見たい内容の箇所まで飛ばして見たりするのと同じような感覚です。好きな場所、必要な場所は

繰り返し見るが、それ以外の場所はスキップしてしまうか、早送りで見る（YouTubeには再生速度をコントロールできる機能があります）ことになります。

授業動画における視聴者維持率に基づく行動特性を考えると、授業や講義などの動画の場合、視聴者が最初から飛ばしながら見るようなことを想定して動画の構成を考える必要があることがわかります。

そこで、実際にそのような行動特性となるかを確認するために、1つの授業動画の中に、課題に必要となる要素を数か所に分散して配置した動画を作成してみました。

すると、学生の視聴者維持率はその配置した場所で高い数値を示すことが確認されました。

矢印の場所に意図的に課題に関連した情報を配置

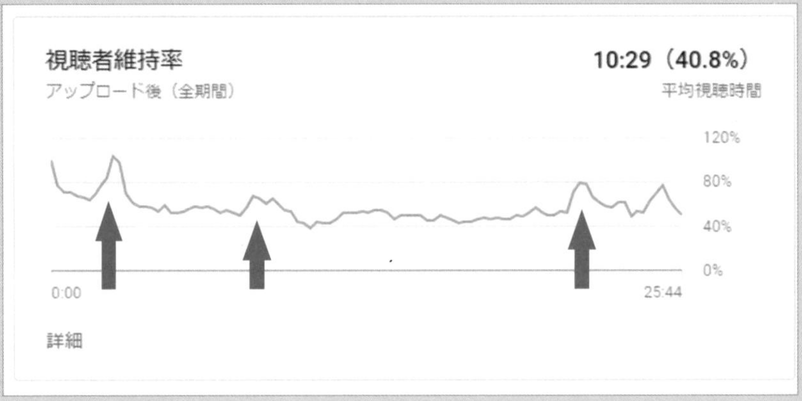

授業動画の場合、課題の有無、課題に関連した箇所の視聴者維持率が高くなる傾向があることから、学生らは課題を中心に授業を見ていることがわかります。

このことから、動画をいかにきれいに作成するかよりも、学習効果にあわせた課題をしっかりと設計し、それらを授業動画の中に理解してもらえる形で配置することが効果的な授業動画の構成となると考えられます。

メモ

参考：「遠隔授業における動画配信の視聴者維持率と学習行動に関する考察」澤崎敏文
2020年度教育システム情報学会（JSiSE）全国大会（第45回）論文集 p.195-196

第3章
ビデオ映像や音声の取り込み、編集、効果的な使い方

PowerPointには、外部から「ビデオ映像」や「音声」をスライドに取り込んで表示させる機能があります。この章では、これらの機能を活用した、ビデオ映像や音声、BGMが入った動画の作成方法について、具体的な事例を用いて説明していきます。

3-1

映像の取り込みによる解説動画の作成

PowerPointでビデオ映像・音声を取り込む、編集する意義

PowerPointは、第2章で解説したように、スライド上で解説の音声や映像を入れられるだけでなく、**外部から「ビデオ映像」や「音声」も取り込むことができます**。ビデオ映像や音声を取り込んだスライドを、「動画としてエクスポート」すると、それらを含んだ新たな動画としてスライドを保存することができます。

◀◀ 参照
「動画としてエクスポート」する方法については第2章42ページ参照。

通常であれば、ビデオカメラやスマートフォン等で撮影されたビデオ映像は、動画編集ソフトを用いて編集作業をすることが一般的です。しかし、授業や解説等で使うような**比較的短い動画を作成するのであれば、PowerPointを使用するほうが簡単**です。撮影したビデオ映像を取り込んで、そこにPowerPointの基本的な機能を組み合わせて、さまざまなことができます。

たとえば、

- **ビデオ映像に文字で解説テロップを入れる**
- **指示したい箇所に矢印などを配置する**
- **ペンで必要な箇所をマーキングする**
- **レーザーポインターで画面上を示しながら説明する**

などといったことが、簡単にできるのです。

また、取り込んだビデオ映像に対して、ワイプ画面で解説するような動画も手軽に作成できます。

◀◀ 参照
ワイプ画面で解説する方法については第2章参照。

取り込んだビデオ映像を見ながら、ワイプ画面で解説を加えるのも簡単

このように、PowerPointの基本的な機能を使用して、**視聴者にわかりやすい動画を作成することが手軽に実現できる**のが魅力であるといえます。

実際に、PowerPointでビデオ映像を取り込んで解説するのに適している内容を、大きく3種類に分けてみました。

➊ 短いビデオを撮影して、PowerPointに取り込んで解説を行う例

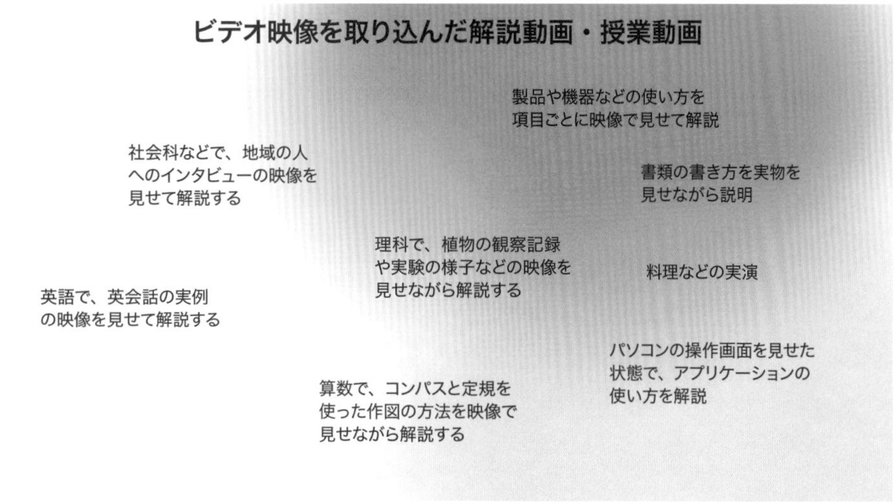
ビデオ映像を取り込んだ解説動画・授業動画
製品や機器などの使い方を項目ごとに映像で見せて解説
社会科などで、地域の人へのインタビューの映像を見せて解説する
書類の書き方を実物を見せながら説明
理科で、植物の観察記録や実験の様子などの映像を見せながら解説する
料理などの実演
英語で、英会話の実例の映像を見せて解説する
パソコンの操作画面を見せた状態で、アプリケーションの使い方を解説
算数で、コンパスと定規を使った作図の方法を映像で見せながら解説する

1. 解説型 —記録映像などを取り込んでその解説をするパターン（黄色の箇所）

たとえば、社会科などで、地域のお店や会社を見学して短いインタビューを行ったビデオ映像がある場合、それをスライドに取り込んで解説を行うといったケースが考えられます。そのほか、英語での会話練習のサンプルとなるようなお手本映像をスライドに取り込んで解説を行ったり、理科であれば植物の観察記録のビデオ映像を取り込み、その解説を行ったりといったことも適しています。

2. ノウハウ提供型 —器具や機器の使い方などを実演して示す場合（赤色）

算数では、コンパス・分度器の使い方や作図の仕方などを映像として取り込んで解説するパターンが考えられます。理科の実験器具（顕微鏡など）の使い方を解説したり、実験・実習などを見せたり、家庭科での料理の実演などもこれに該当します。授業以外でも、製品や機器の使い方といったマニュアル的な解説動画や、書類の書き方など、実物を見せながらの解説動画が考えられます。

3. 画面キャプチャ型 —パソコンの画面を動画でキャプチャして解説（緑色）

内容は1の「解説型」や2の「ノウハウ提供型」と同じですが、パソコンでの操作画面をキャプチャ（取込み）して説明していく動画です。アプリケーションの使い方など、通常、ビデオカメラで撮影することが難しいような内容も、PowerPointの**画面録画機**

能を使って簡単に動画として取り込むことができます。取り込んだ画面録画を再生しながら音声やワイプ映像などで説明を加えることができるので、ExcelやWordといったアプリケーションの使い方を実演しながら説明を行っていく授業スタイルの動画が簡単に作成できます。

Excelの操作方法を動画で見せながら解説を実施

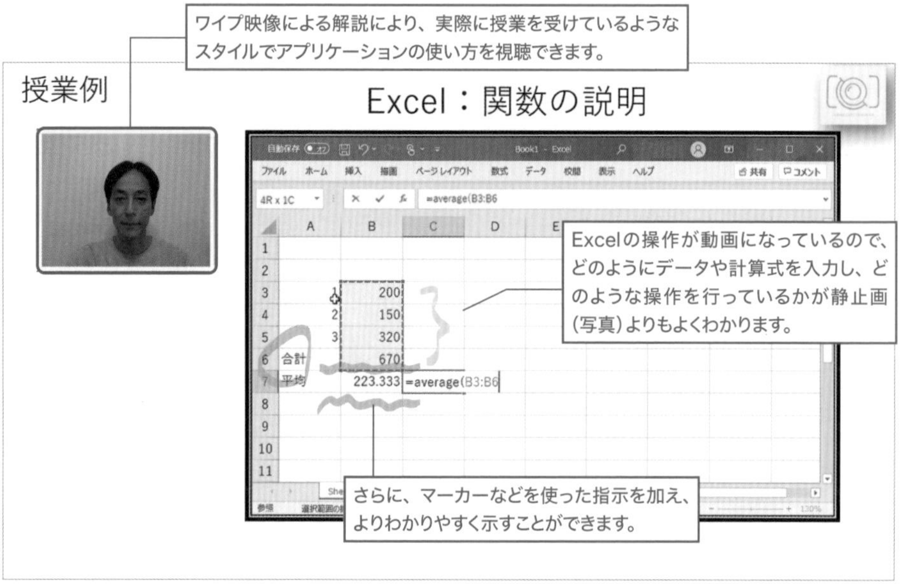
ワイプ映像による解説により、実際に授業を受けているようなスタイルでアプリケーションの使い方を視聴できます。
授業例
Excel：関数の説明
=average(B3:B6
合計
平均
223.333
Excelの操作が動画になっているので、どのようにデータや計算式を入力し、どのような操作を行っているかが静止画(写真)よりもよくわかります。
さらに、マーカーなどを使った指示を加え、よりわかりやすく示すことができます。

3-2

ビデオ映像を再生しながら解説をする

映像や音声をスライドに挿入して再生しながら解説動画を作成する基本的な方法を、順を追って紹介していきます。

ビデオ映像の解説をしながらワイプ画面を入れる(基本編)

スライドに挿入したビデオ映像を再生しながら、同時に顔出しワイプ画面で解説を加える場合の方法です。基本は、第2章での手順に従います。スライドにビデオ映像を挿入したのち、その映像を再生しながら「スライドショーの記録」で解説を加えていきます。

メモ

サンプルファイルと解説動画をダウンロードで提供しています。詳しくは165ページ参照。

挿入したビデオ映像を再生しながら、左上に丸いワイプ画面で解説を実施

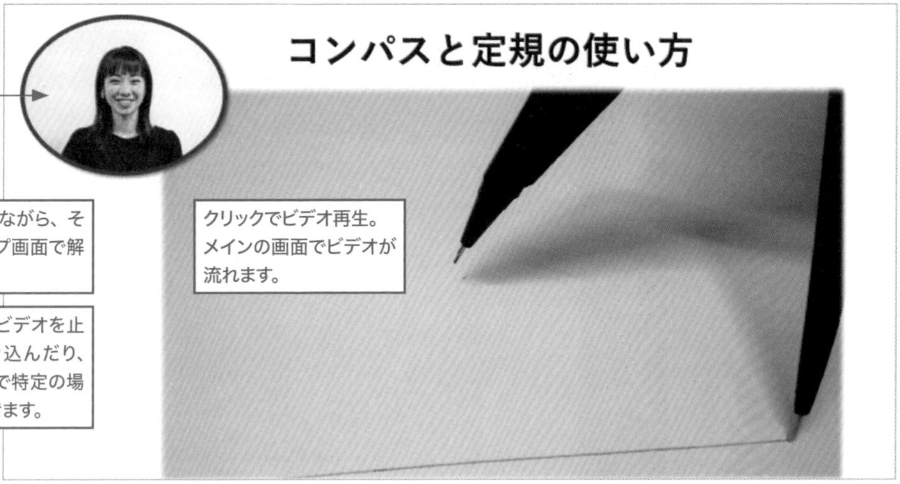
コンパスと定規の使い方
再生中のビデオを見ながら、その内容についてワイプ画面で解説をしています。
クリックでビデオ再生。メインの画面でビデオが流れます。
解説のタイミングでビデオを止めたり、ペンで書き込んだり、レーザーポインターで特定の場所を指し示したりできます。

ビデオ映像を挿入して、スライドショーの記録を行う

メモ

挿入したいビデオファイルをドラッグ&ドロップで直接スライドに挿入することもできます。

1 スライドにビデオ映像を挿入するには、**[挿入]タブの[メディア]から[ビデオ]－[このデバイス]**を選んで、挿入したいビデオファイルを選択します。

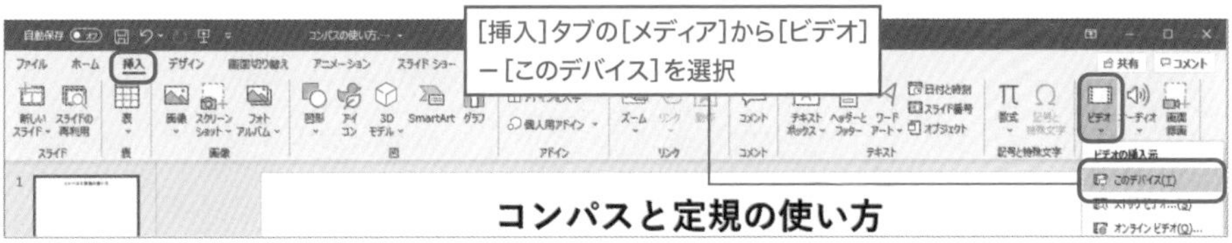
[挿入]タブの[メディア]から[ビデオ]
－[このデバイス]を選択
コンパスと定規の使い方

ビデオファイルがスライドに挿入されました。
下部にビデオを再生するための「コントローラー」があるのがわかります。

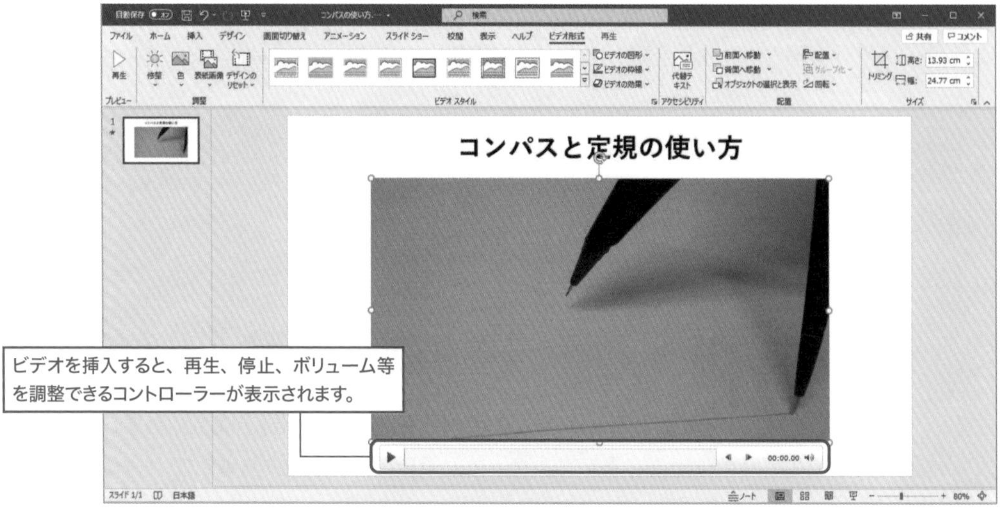
コンパスと定規の使い方
ビデオを挿入すると、再生、停止、ボリューム等を調整できるコントローラーが表示されます。

◀◀ 参照

スライドショーの記録については、第2章を参照。

2 このビデオを再生しながら、ワイプ画面を入れて解説を加えるには、**[スライドショー]タブから[スライドショーの記録]**をクリックして、記録画面を表示させます。

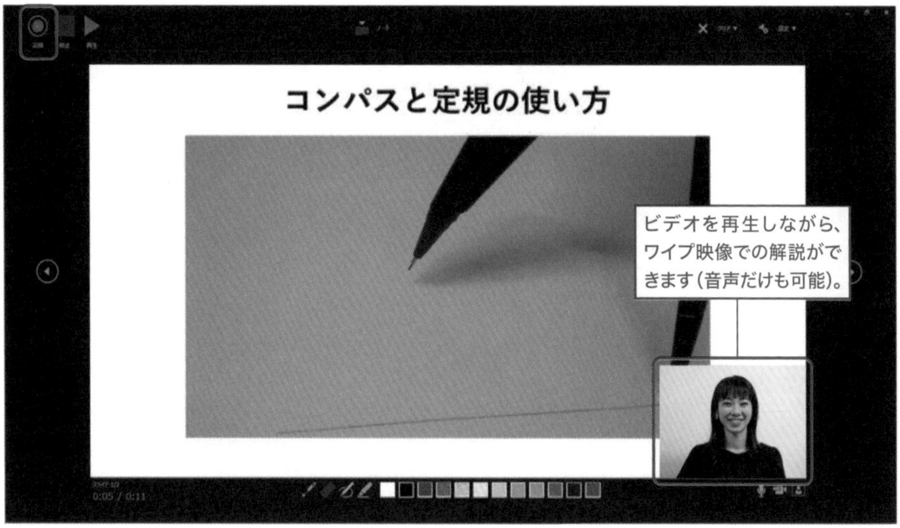
コンパスと定規の使い方
ビデオを再生しながら、ワイプ映像での解説ができます(音声だけも可能)。

3 左上の[記録]ボタンをクリックすると、「3、2、1」とカウントダウンが始まり、スライドショーの記録が始まります。

4 初期設定では、スライド上のビデオ映像はクリックするとスタートします。自分のタイミングでビデオ上をクリックして、再生させます。あとは、そのビデオ映像を見ながら説明をしていきます。

ビデオ映像上でペンやレーザーポインターを使いたい

「スライドショーの記録」では、スライド上のビデオ映像の再生中に、ペン等で色を付けたり、レーザーポインターを使ったりすることも可能です。**レーザーポインターの動きもすべて記録**されていきます。

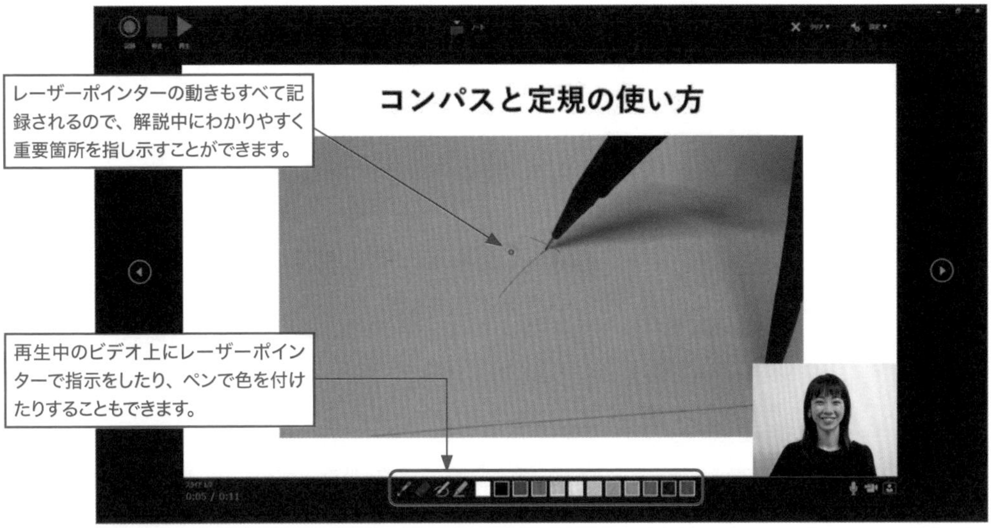
レーザーポインターの動きもすべて記録されるので、解説中にわかりやすく重要箇所を指し示すことができます。
コンパスと定規の使い方
再生中のビデオ上にレーザーポインターで指示をしたり、ペンで色を付けたりすることもできます。

ヒント

PowerPointのバージョンによっては、[レーザーポインター] が表示されない場合があります。この場合は、画面上で右クリックして表示されるメニューから[ポインターオプション] −[レーザーポインター] を選択すると、マウスポインターがレーザーポインター表示に変わります。

あるいは、キーボードのCtrlキーを押しながら、マウスの左ボタンをクリックしドラッグするとレーザーポインターとして機能します。

再生しているビデオ映像を一時停止したい

途中でビデオ映像を停止したい場合は、画面上をクリックすると、一時停止することができます。**スライド上のビデオ映像が停止しているだけ**なので、解説用のワイプ画面（自分が写っている右下の場所）やアニメーション効果、ペンなどでの書き込みは記録され続けます。

ビデオ映像を一時停止して、ペンやマーカー等で書き込みながらその箇所の詳細な説明を行い、再びクリックして続きを再生する、というような手順で解説していくことができます。

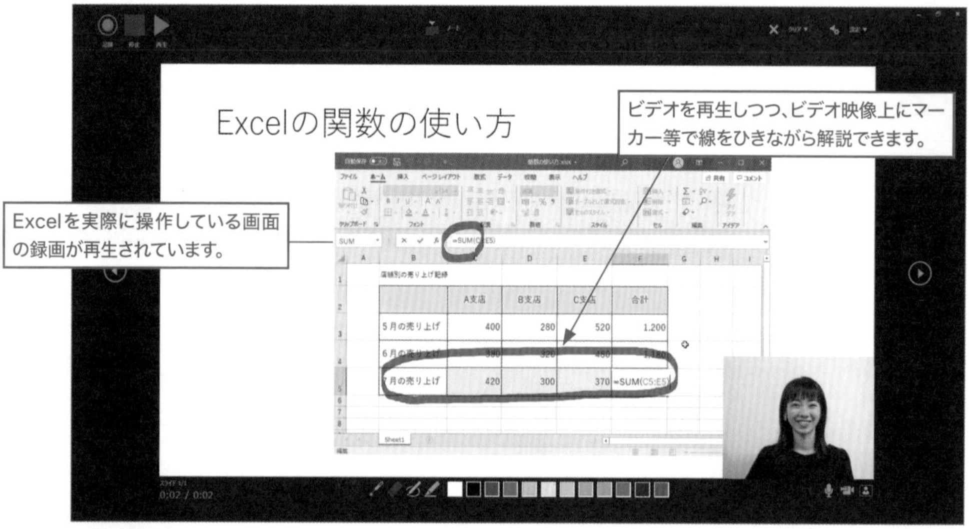
Excelの関数の使い方
ビデオを再生しつつ、ビデオ映像上にマーカー等で線をひきながら解説できます。
Excelを実際に操作している画面の録画が再生されています。

❗ 注意

静的なスライドや、アニメーション効果と違い、スライド上で流れるビデオ映像には音声が入っていることがあります。この場合、「スライドショーの記録」で録音しているときに、パソコンから出力される音量をゼロ(オフ)にしておくか、ヘッドフォンを差して音が出ないようにしておく必要があります。

そうしないと、パソコンから出ているビデオ映像の音声を、解説を加えているマイクのほうで拾って録音してしまい、再生時に音が2重にずれて聞こえてしまうため、注意が必要です。

調整したら、動画として保存する

記録が終わったら、右下に表示されているワイプ画面を自分の意図した場所に移動させたり、[ビデオ形式] タブから色や形の調整を行います。

➲ 右下のワイプ画面は場所や形を自由に変えることができます

コンパスと定規の使い方
色の修正やスタイル、形の変更もできます。
右下にあったワイプ画面を移動させて、形や枠線を調整しました。

参照

ワイプ映像の色や形の調整についての詳細は、第2章40ページ参照。

参照

動画として保存する方法については、第2章42ページ参照。

調整後の内容でOKであれば、**[ファイル] タブから [エクスポート] − [ビデオの作成]** を選択して、動画として保存して完成となります。これで、ビデオ映像の中に自分の姿を入れたワイプ画面での解説動画が完成します。

挿入したビデオ映像の見栄えを調整したい

挿入したビデオ映像をクリックして選択すると、**[ビデオ形式] タブ**が表示されます。表示された各メニューで、図形や写真等のオブジェクトと同様に色や形の調整を行うことができます。

ビデオ映像の表示サイズの変更

挿入したビデオ映像は、図形等のオブジェクト同様に、場所を移動させたり、大きさを変更したり、回転させることが可能です。

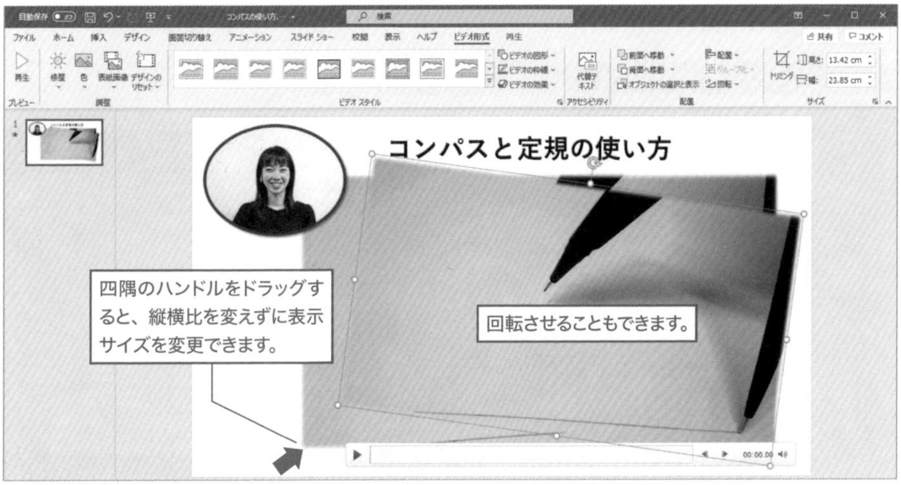
コンパスと定規の使い方
四隅のハンドルをドラッグすると、縦横比を変えずに表示サイズを変更できます。
回転させることもできます。

色やスタイルなどの調整

挿入したビデオ映像は、写真等のオブジェクトと同様に、色の調整やトリミングすることもできます。ビデオ映像を選択して、[ビデオ形式] タブの各メニューで調整可能です。

コンパスと定規の使い方
ワイプ画面と同様に、挿入したビデオ映像も色などの修正やスタイルを変更できます。

挿入したビデオ映像の長さや音量を調整したい

挿入したビデオ映像の長さや音量などを調整する場合には、編集したいビデオ映像をクリックして選択し、表示された**[再生]タブ**から編集する内容を指定します。

メモ

ビデオ映像上で右クリックして[トリム]を指定してもトリミングができます。

長さの調整（ビデオのトリミング）

ビデオ映像の長さを調整したい場合には、[再生]タブにある[ビデオのトリミング]を指定します。

表示された[ビデオのトリミング]の画面で**開始（緑のスライダー）や終了（赤のスライダー）を調整**してビデオ映像の長さを指定します。

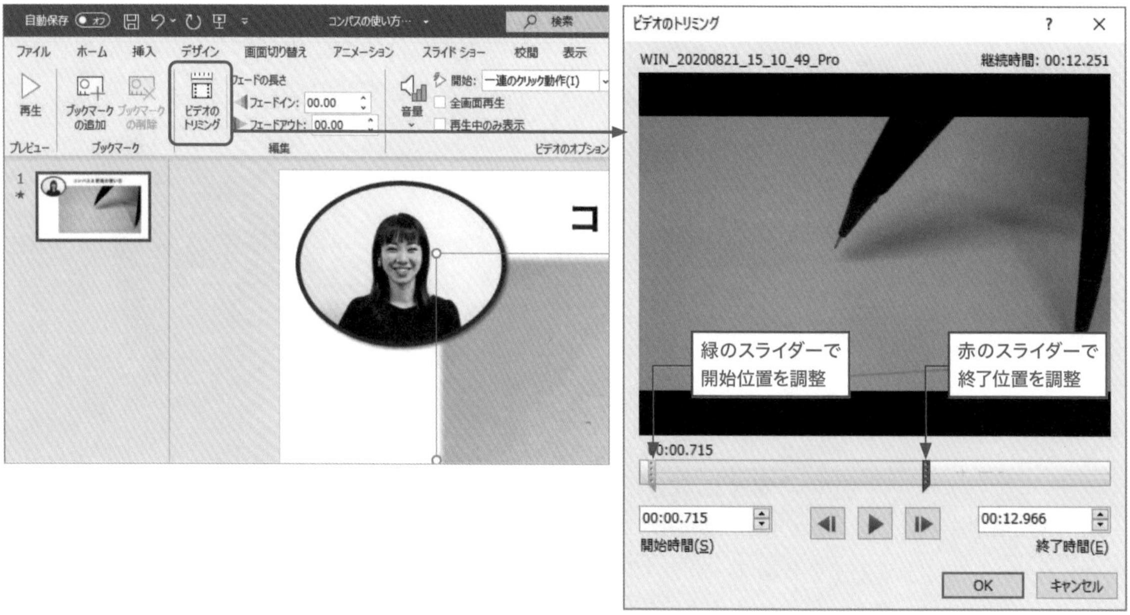

音量の調整

ビデオの音量を調整する場合には[再生]タブの[ビデオのオプション]の[音量]を指定すると「小」「中」「大」「ミュート（消音）」の指定ができます。または、スライド上のビデオ映像をクリックして、直接音量を調整することも可能です。

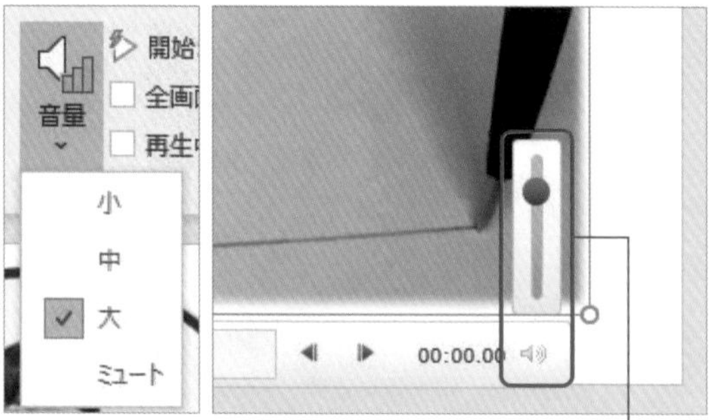

ビデオ映像の下に表示される「コントロール」から直接音量を調整することもできます。こちらのほうが詳細に設定可能です。

ビデオ再生のタイミングの調整

ビデオ映像を再生するタイミングは、初期設定ではビデオをクリックするとスタートするようになっています。スライドショーの開始や画面の切り替えで自動的に再生させたい場合には、**[再生] タブの [ビデオのオプション] で [開始] に関する詳細を設定**できます。

また、ビデオ再生時に「全画面再生」にするのか、ビデオ映像は「再生中のみ表示」にするのか等の詳細な設定も可能です。

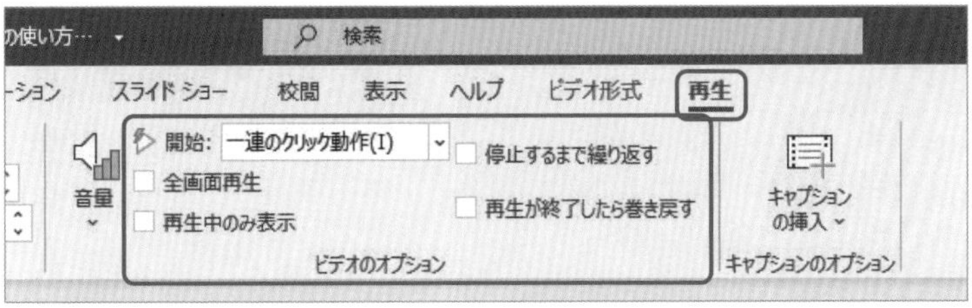

複数のビデオ映像を並べて比較しながら再生・解説したい

2つのビデオ映像を比較しながら見せたい、同じスライド画面内で**2つのビデオ映像を入れて画面を切り替えずに別々に再生したい**などという場合には、ビデオを複数取り込んで再生しながら解説動画を作成することも可能です。たとえば、理科などで、条件が違う2つの場面の映像比較を同時に行うというような使い方ができます。

それぞれのビデオ映像を順番に再生する場合は、ビデオ上をクリックすればOKです。

1回のクリックで同時に両方を再生したい場合には、同時に動かしたいビデオの2つめを選択して、**[アニメーション] タブの [タイミング] – [開始] で [直前の動作と同時] を指定**します。

次ページの例の場合、春の桜の風景と、初夏の麦畑のビデオ映像がスライドに配置されています。初夏の麦畑のビデオを選んで、[直前の動作と同時] を指定すると、**1度のクリックで2つのビデオが同時に再生**されます。

メモ

サンプルファイルと解説動画をダウンロードで提供しています。詳しくは165ページ参照。

2つのビデオを1回のクリックで同時に再生するには、2つめのビデオに[直前の動作と同時]を指定します。

ヒント

挿入するビデオファイルのサイズが大きくなると、PowerPointのファイルサイズも大きくなります。ビデオの編集はパソコンの処理能力にも大きく影響されるので、挿入するビデオファイルの数やファイルサイズに注意して編集しましょう。

特に、ファイルサイズが大きい場合、PowerPointの動作が途中で止まってしまったりして、編集していた内容が失われてしまうことも。このような事態に備えて、こまめに保存（バックアップ）することをおすすめします。

3-3 アプリ操作の実演画面を解説した動画を作成する

WordやExcelなどのアプリケーションの操作を解説する場合、実際の操作画面を見てもらいながら解説したほうが視聴者の理解は深まります。その場合、パソコン画面の操作を録画して取り込む必要があります。PowerPointを使うと、**パソコンの操作画面を録画し、その録画したビデオファイルを直接挿入したスライドを簡単に作成**することができます。

➲ Excelの操作映像を見せながら解説ができます

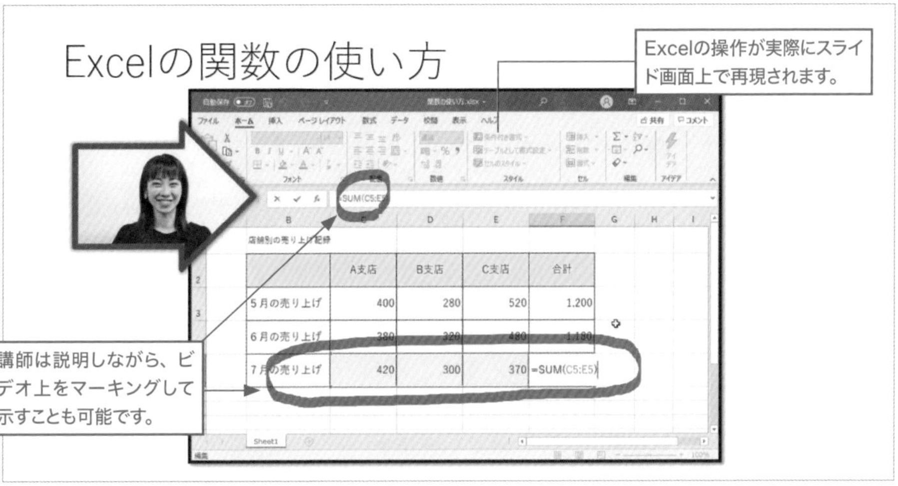
Excelの関数の使い方
Excelの操作が実際にスライド画面上で再現されます。
A支店
B支店
C支店
合計
5月の売り上げ
7月の売り上げ
=SUM(C5:E5)
講師は説明しながら、ビデオ上をマーキングして示すことも可能です。

メモ

サンプルファイルと解説動画をダウンロードで提供しています。詳しくは165ページ参照。

PowerPointの「画面録画」機能を活用する

1 画面録画したいアプリケーションなどの画面をあらかじめ表示させておきます。

2 PowerPointで画面録画を挿入したいスライドを選んで、**[挿入]タブから一番右端のメニュー[画面録画]**を選択します。

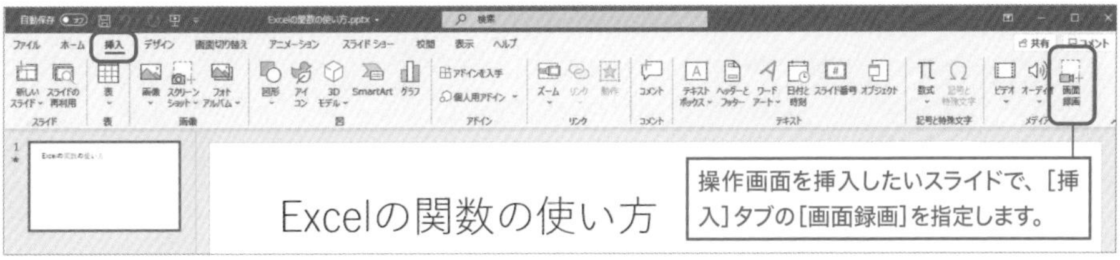
挿入
画面録画
Excelの関数の使い方
操作画面を挿入したいスライドで、[挿入]タブの[画面録画]を指定します。

❸ クリックすると、画面が全体に薄い色に変わり、上部にメニューが現われます。

画面全体が薄い色に変わり、上部にメニューが現われます。

❹ この状態で、上部のメニューから［領域の選択］を選ぶと、録画する領域をマウスでドラッグして指定することができます。

❺ 録画したい内容がこの範囲に収まるようにマウスでドラッグして囲みます。赤い破線で示された領域内の画面が録画されていきます。

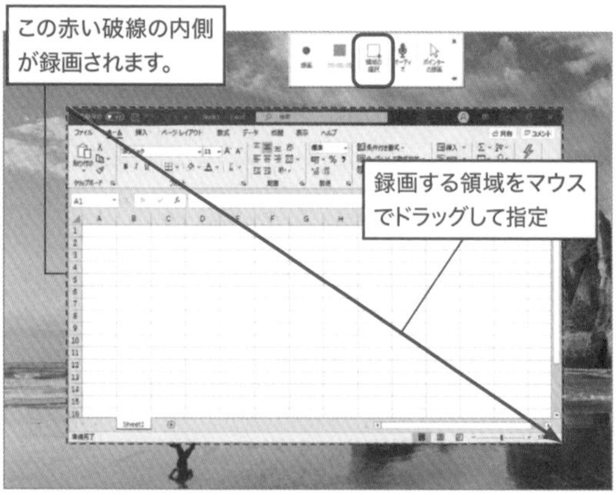
この赤い破線の内側が録画されます。
録画する領域をマウスでドラッグして指定

メモ

領域の選択をやり直したいときは、再度［領域の選択］をクリックして、マウスでドラッグし直します。何度でもやり直すことができます。

❻ 領域が選択されると、左の［録画］ボタンが赤く変わります。クリックすると、記録が開始されます。マウスポインターの動きも一緒に記録する場合には、［ポインターの録画］をクリックします。音声も同様に記録したい場合には、［オーディオ］をクリックします。

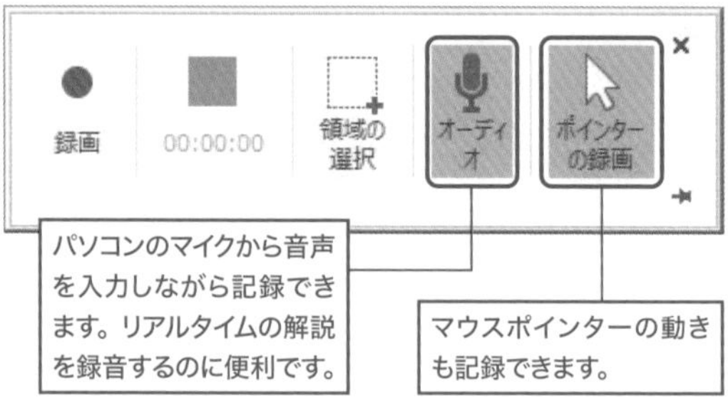
録画
00:00:00
領域の選択
オーディオ
ポインターの録画
パソコンのマイクから音声を入力しながら記録できます。リアルタイムの解説を録音するのに便利です。
マウスポインターの動きも記録できます。

メモ

音声については、操作しながらマイクから声を録音していくので、操作と同じタイミングで音声解説をしながら画面録画で記録をしていくことが可能です。

メモ

記録の停止は ⊞ キーと Shift キーを押したまま Q キーを押しても可能です。

❼ 記録を終えて、［停止］ボタンをクリックすると、選択した画面範囲を録画したビデオ映像が自動的にPowerPointのスライドに挿入されます。

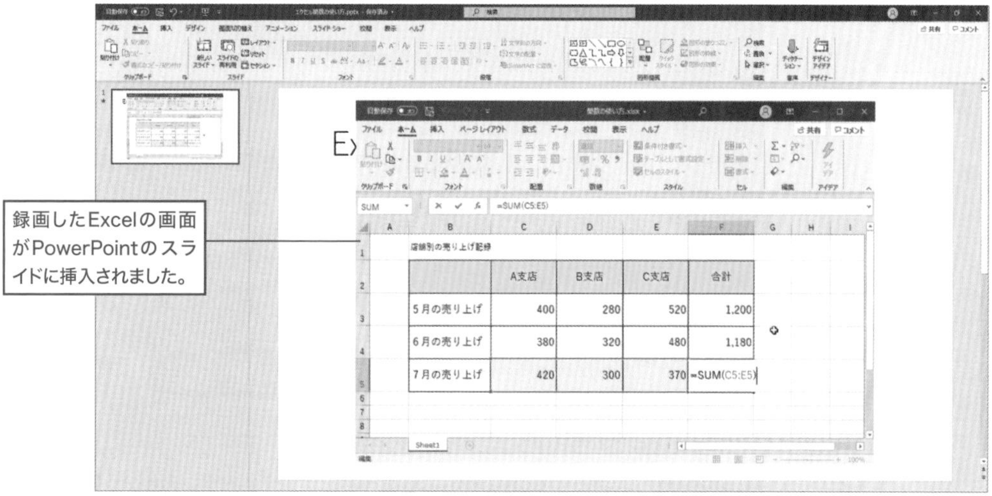

ただし、調整されていない状態で挿入されるので、配置位置やサイズなどを調整する必要があります。

➲ 挿入された録画画面を調整します。

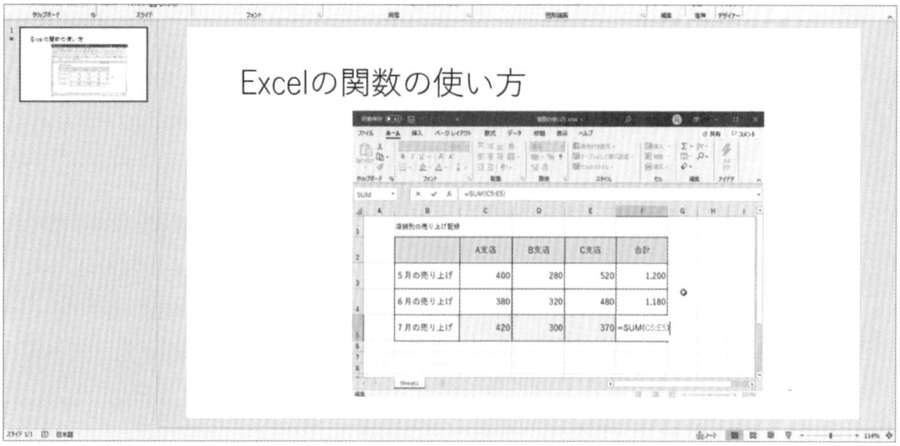

ワイプ映像での解説動画を入れる場合

ワイプ映像での解説動画を入れる場合には、これまで同様に、[スライドショー] タブから [スライドショーの記録] を選択して、第2章で解説した手順のとおりにスライドを記録していきます。この場合は、再生されるビデオの内容に合わせてある程度事前にシナリオを書いておいたり、リハーサルをしておくと効率的に録音作業を進めることができます。

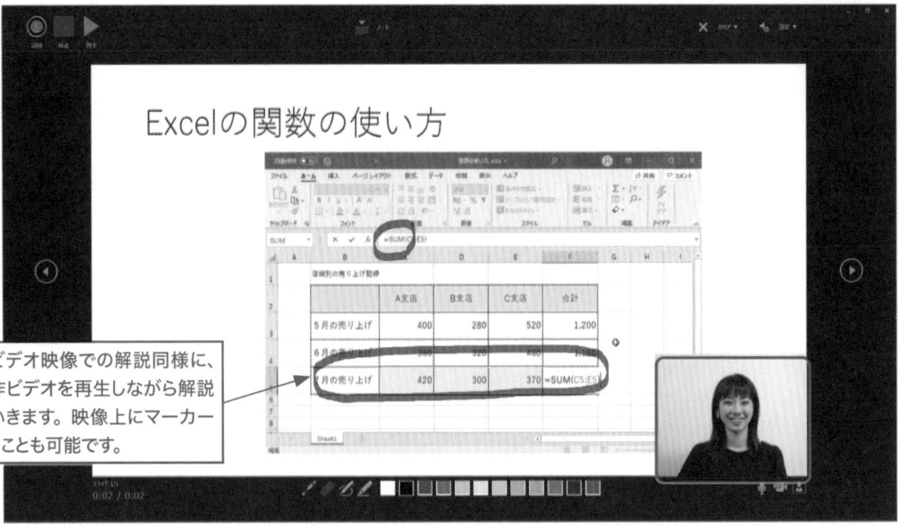

これまでのビデオ映像での解説同様に、Excelの操作ビデオを再生しながら解説を記録していきます。映像上にマーカー等で線を引くことも可能です。

ワイプ映像での解説は、場所や形をある程度自由に変えることができるので、授業や解説の目的に合わせて変更すると効果的です。

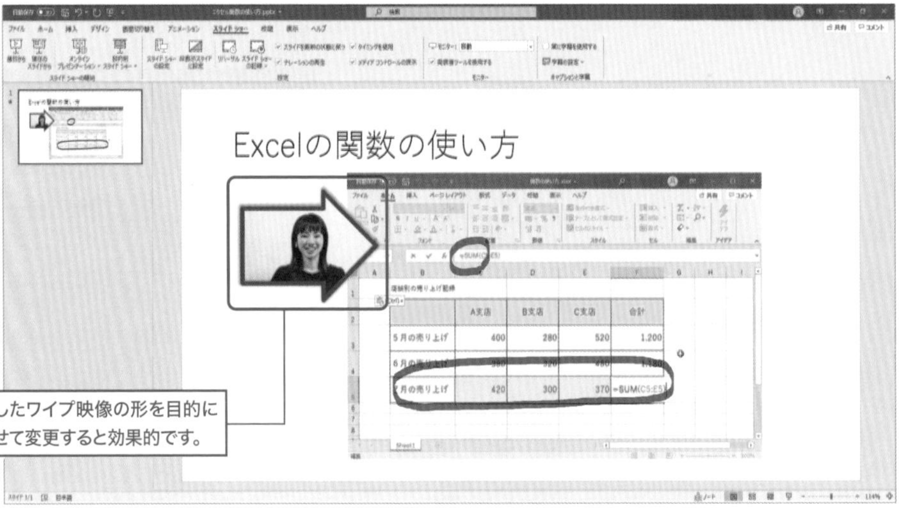

記録したワイプ映像の形を目的に合わせて変更すると効果的です。

ステップアップ

Windows10のキャプチャツール「Xbox Game Bar」を使った画面の録画

Windows10には「Xbox Game Bar」という画面・動画キャプチャツールが標準でインストールされています。このツールを使用してアプリの操作画面を録画することもできます。

⊞（ウィンドウズ）キーを押したままGキーを押すと、記録画面が現われます。PowerPointの画面録画では、表示されているままの画面の範囲（アプリの画面の重なりも含めて）を録画していくのに対して、Xbox Game Barでは、選択したアプリの画面だけを記録していきます。アプリの画面だけをきれいに録画したい場合には、Xbox Game Barのほうがきれいに切り取れます。

録画された動画ファイルはWindows内の［ビデオ］−［キャプチャ］のフォルダーに保存されます。

⊞（ウィンドウズ）キー＋Gキーで起動

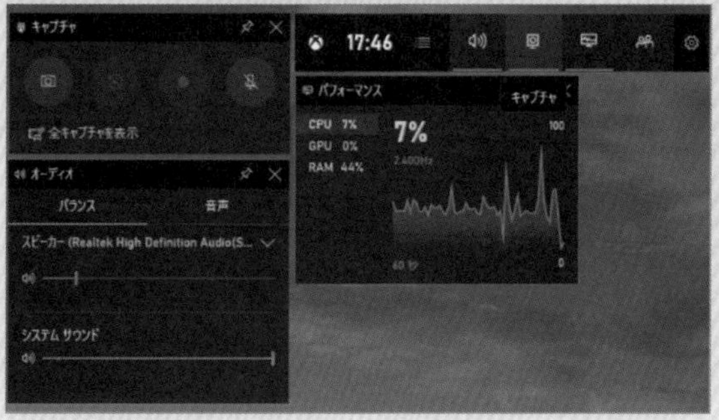

Xbox Game Barの設定画面

3-4

その他の編集

動画にBGMを付ける（スライドが切り替わっても同じ音楽が流れる）

YouTube等での解説動画では、その動画の雰囲気に適したBGMなどを動画に合わせて再生しておくと、動画にテンポも生まれ、視聴者も聞きやすくなります。PowerPointには**スライドが切り替わっても音声ファイルが継続して再生され続ける**機能があります。これらを利用して、動画にBGMを挿入することができます。

BGMを挿入するには、**［挿入］タブから［オーディオ］－［このコンピューター上のオーディオ］を選択し、音声ファイル（音楽ファイル）を指定**します。

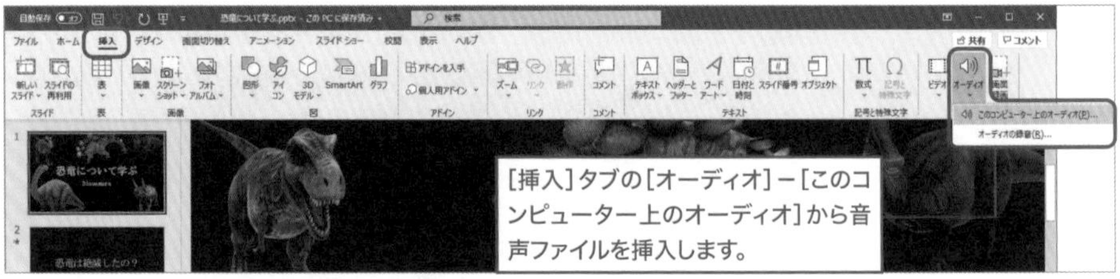
［挿入］タブの［オーディオ］－［このコンピューター上のオーディオ］から音声ファイルを挿入します。

ビデオファイル等と同様に、スライドに音声ファイルが挿入されます。

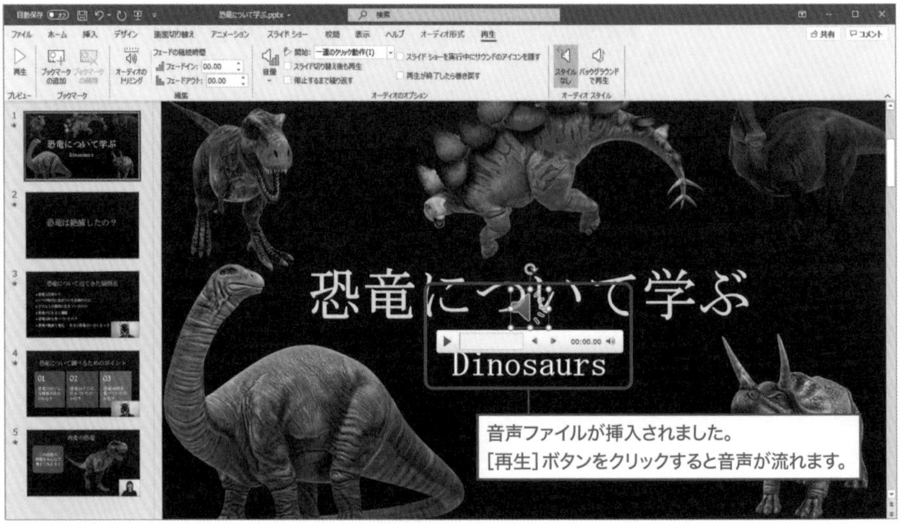
恐竜について学ぶ
Dinosaurs
音声ファイルが挿入されました。
［再生］ボタンをクリックすると音声が流れます。

BGMの場合、スライドが切り替わっても、バックグラウンドで再生し続ける必要があります。**[再生]タブで、[バックグラウンドで再生]を選択**すると、BGM用の設定に自動で切り替わります。[スライド切り替え後も再生]、[停止するまで繰り返す]、[スライドショーを実行中にサウンドのアイコンを隠す]が選択されて、アニメーション等の操作に関係なくBGMが流れ続けます。

メモ

個別のスライドで調整をしたい場合には、それぞれのスライドで設定を切り替えて調整することもできます。

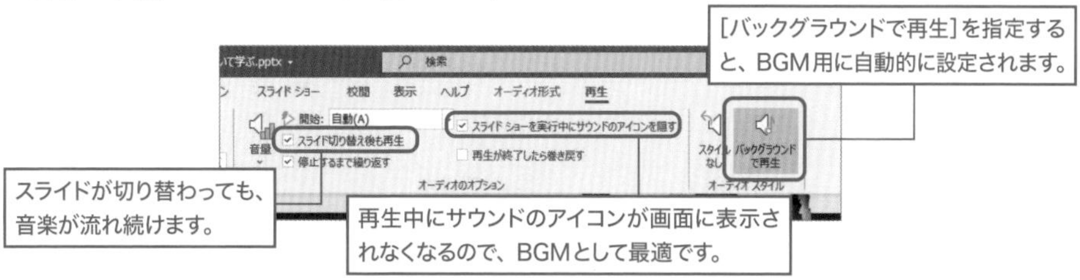

ヒント

音量調整は必須

BGMの音量が大きすぎると、解説音声等が聞きづらくなります。視聴者が動画を見る環境なども考慮して、BGMはあまり大きくなり過ぎないように調整することをおすすめします。

また、授業動画では基本的にはBGMは不要かもしれません。

指定の箇所に一定時間だけ文字や図形を表示する

参照

アニメーション効果(動き)にあわせて音を入れる場合は第4章98ページを参照。

ビデオ映像内で注目させたい箇所を示すには、[スライドショーの記録]でペンやレーザーポインターでマーキングする方法が手軽ですが、**指定箇所に確実に文字や矢印などを表示させたい場合には、ブックマーク機能を活用**します。ビデオは常に動いているので、ある時間帯のその箇所だけマーキングしたい、文字を表示させたいという場合に活用できます。

たとえば、「ここに注目!」という黄色の大きな矢印をビデオ映像上の指定の場所に、一定時間だけ表示させたいという場合の方法を解説します。

➲指定した場所に、一定の時間だけ文字や図形を表示させる

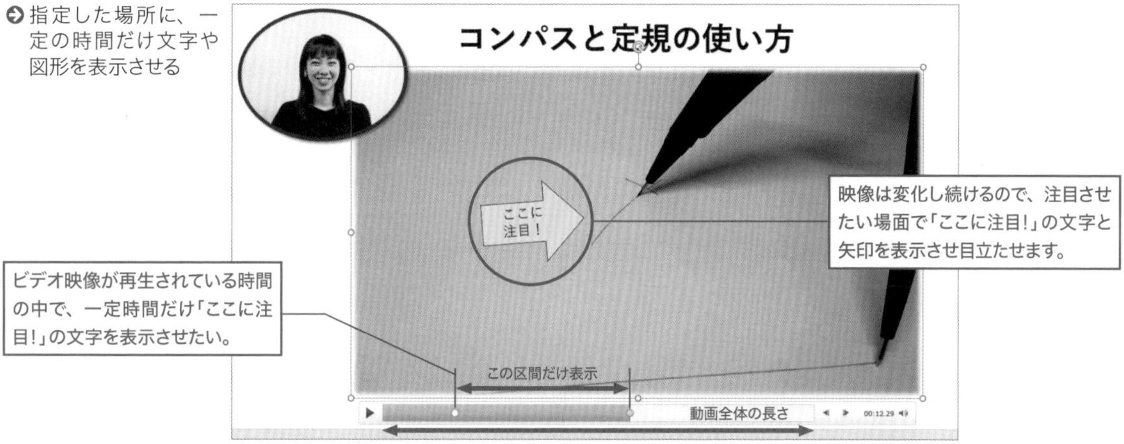

ステップ1 ブックマークの設定とオブジェクトの配置

オブジェクト（文字・図形）を表示させたい場所（画面上の位置）と時間帯をビデオ映像で確認したら、**「表示を始める時間」と「表示を消す時間」にブックマークを設定**します。

1 ブックマークは、**[再生] タブの [ブックマークの追加]** で設定します。ビデオのコントロールバーを、ブックマークを設定したい時間の場所までドラッグし、[ブックマークの追加] をクリックします。すると、コントロールバーに黄色い●が表示されます。ブックマークは、下の画面のように「①表示を始める時間」と「②表示を消す時間」の2つに設定します。

メモ

ここで配置している矢印は、[挿入] タブの [図形] から [ブロック矢印] の右向きの矢印を選択してスライド上で描画し、大きさや位置、色等を調整したものです。「ここに注目!」の文字は、描画した図形を右クリックし [テキストの編集] で入力することができます。

2 画面上に表示させたいオブジェクト（ここでは大きな黄色い矢印に「ここに注目！」と入れた図形）を配置します。PowerPointのスライド上にはタイムライン（時間軸）の考え方がないので、編集画面上は常に表示されています。

コンパスと定規の使い方
③表示させたい画面上の場所にオブジェクト（文字・図形）を配置します。
ここに注目！
①1つめのブックマークを、オブジェクト（文字・図形）を表示させる時間として設定
②2つめのブックマークを、オブジェクトの表示が消える時間として設定

ステップ2 ブックマークに合わせたアニメーション効果の設定

1 表示させたいオブジェクトを選択して、**[アニメーション] タブからアニメーションの効果を指定**します。今回はアニメーション開始時の効果として**[フェード] を指定**。効果を指定すると、**[開始のタイミング]** を設定できるようになります。

参照

アニメーション効果の詳細については、第4章を参照してください。

①「フェード」を選択します。
②選択すると、[開始のタイミング] を指定できるようになります。
コンパスと定規

メモ

同じ要領で、文字を表示したり、音楽を再生したりすることが可能です。

❷ **［開始のタイミング］で「ブックマーク時」を選択**します。すると、対象となったビデオファイルに先ほど指定した「ブックマーク1」、「ブックマーク2」が表示されるので、最初の**「ブックマーク1」のほうを指定**します。

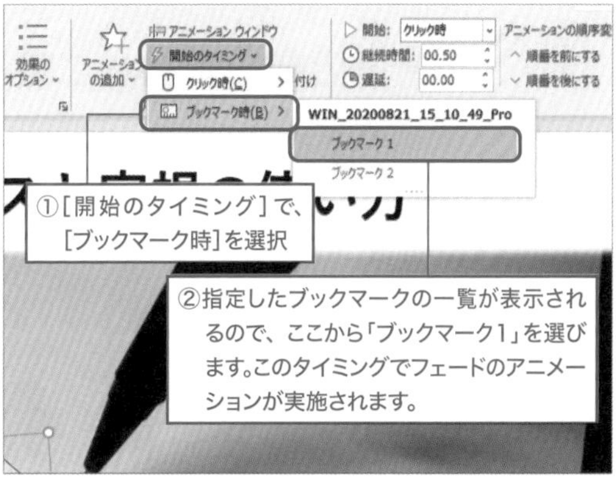

アニメーション ウィンドウ
開始のタイミング
クリック時(C)
ブックマーク時(B)
WIN_20200821_15_10_49_Pro
ブックマーク 1
ブックマーク 2
①［開始のタイミング］で、［ブックマーク時］を選択
②指定したブックマークの一覧が表示されるので、ここから「ブックマーク1」を選びます。このタイミングでフェードのアニメーションが実施されます。

ヒント

［アニメーション］タブの［プレビュー］をクリックすると、ビデオ映像が再生されて、ブックマーク1の指定の時間にオブジェクトがフェードで表示されることが確認できます。

❸ 次に、このオブジェクト（文字・図形）を指定の箇所（ブックマーク2）でフェードアウトさせます。❶で行ったのと同じように、ブックマークの箇所で終了のアニメーション効果を選びます。同じオブジェクトに開始と終了のアニメーション効果を指定するので、オブジェクトを選択して**［アニメーション］タブの［アニメーションの追加］から効果を指定**します。

コンパスの使い方.pptx
アニメーション
アニメーションの追加
開始
強調
終了
コンパスと
ここに注目！
同じオブジェクトに複数の効果（この場合、終了時にフェードで消える）を指定する場合は［アニメーションの追加］から指定します。
こちらは1つめのアニメーション効果（開始時にフェードで現れる）
2つめのアニメーション効果（終了時にフェードで消える）

❹ 2つめの効果を指定後、1つめと同様に、［開始のタイミング］－［ブックマーク時］から今度は「ブックマーク2」を選びます。

プレビューで確認すると、指定した時間でオブジェクトが表示され、指定した時間で消えるような効果が実現できていることがわかります。

図形等と組み合わせて映像を表示させる

スライドに挿入したビデオ映像や解説しているワイプ映像を、下のサンプルのように**フレームの中で表示させたり、特定の窓枠から表示**させたい場合もPowerPointであれば簡単に実現可能です。社会科（地理）の世界の諸地域の学習をサンプルに、作成方法を説明します。

➔ ビデオ映像をテレビやスマートフォンにはめ込み合成で表示

メモ

サンプルファイルと解説動画をダウンロードで提供しています。詳しくは165ページ参照。

高地の人々の生活（ヒマラヤ山脈エリア）
テレビの中のビデオ映像を見ながら、同時にワイプ画面で説明を行っています。
テレビの中はヒマラヤ山脈の高地に住む人々の暮らしを紹介したビデオ映像です。

ヒント

このサンプル動画の映像は筆者がヒマラヤ山脈の山岳地方に滞在中に撮影したものですが、このような山岳地帯だからこそ電話線が引けないので、携帯電話が普及しているということを子供たちに示すことも意図してスマートフォンから解説してみました。

メモ

このサンプルで使用しているテレビとスマートフォンのイラストは、筆者が図形を組み合わせて作成したものです。

1 はめ込み合成を行いたいテレビやスマートフォンなどのイラスト（オブジェクト）を用意します。これらの画面の部分は透明化されていません。イラストを選択して、[図の形式] タブから [色] − [透明色を指定] を選び、イラストの透明化したい色の場所をマウスでクリックします。

[図の形式]タブの[色]をクリックして、メニューから[透明色を指定]を指定します。

ヒント

テレビやスマートフォンなどの素材となる画像は、インターネット上の著作権フリーのイラストを活用したり、[挿入] タブー [画像] ー [ストック画像]、[オンライン画像] などを利用すると便利です。

2 マウスをクリックした場所の色がすべて透明色になります。例の場合、テレビの画面が透明になってスライドの背景が見えるようになりました。スマートフォンのイラストも同様の手順で画面部分を透明化します。

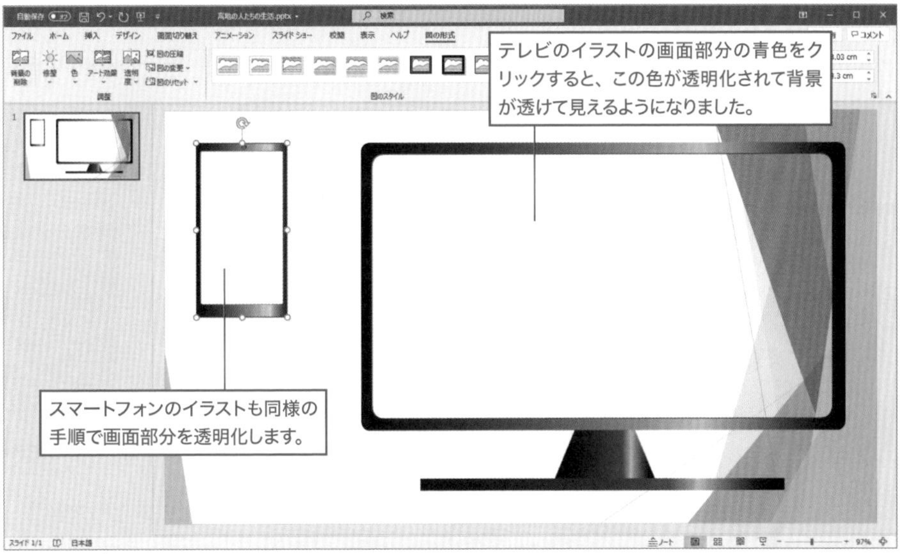
テレビのイラストの画面部分の青色をクリックすると、この色が透明化されて背景が透けて見えるようになりました。
スマートフォンのイラストも同様の手順で画面部分を透明化します。

3 この状態で、これまで同様に [挿入] タブの [ビデオ] をクリックして、スライドにビデオファイルを挿入します。

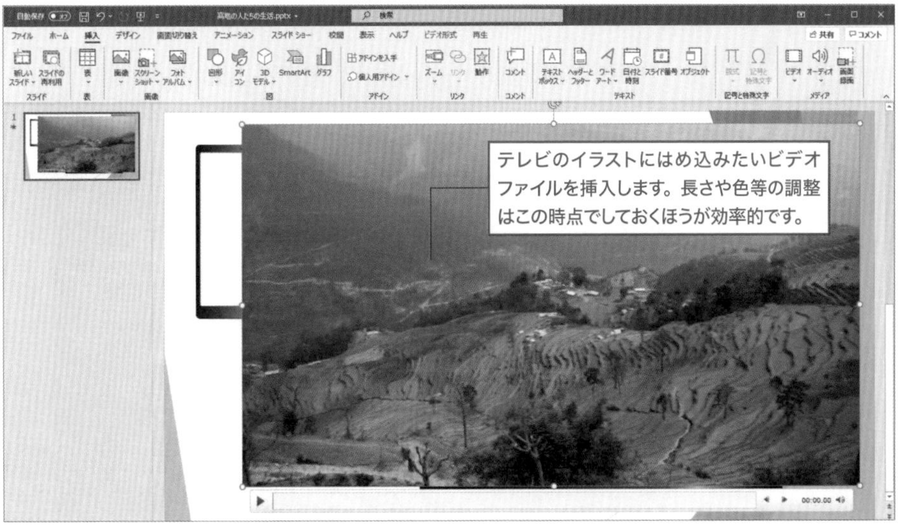
テレビのイラストにはめ込みたいビデオファイルを挿入します。長さや色等の調整はこの時点でしておくほうが効率的です。

❹ はめ込むテレビのサイズに合うように大きさを調整します。ビデオの四隅のハンドルをドラッグすると縦横比を維持したままサイズの調整ができます。
はめ込みたい枠に収まらない場合には、[ビデオ形式] タブの [トリミング] から画面のトリミング（見える範囲の調整）を行います。

ビデオを選択して、ハンドルの四隅をドラッグしてテレビ画面に収まるように、大きさを調整します。

❺ 最後に、同じ [ビデオ形式] タブの [配置] のリボンから [背面へ移動] を指定します。すると、テレビのフレームにぴったりと収まるようにビデオを配置できます。

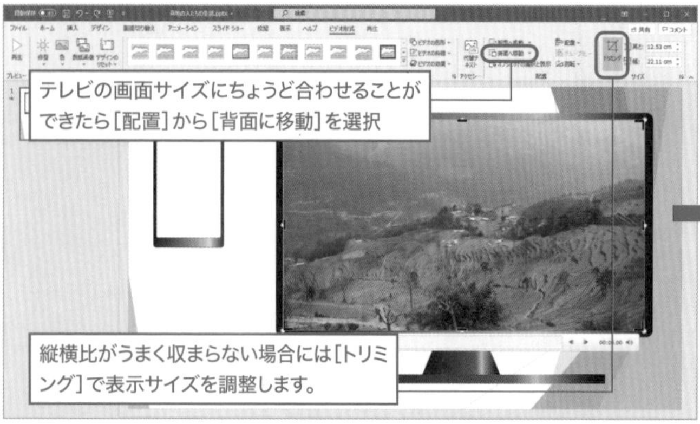
テレビの画面サイズにちょうど合わせることができたら[配置]から[背面に移動]を選択
縦横比がうまく収まらない場合には[トリミング]で表示サイズを調整します。

ビデオ映像がテレビのイラストの後ろに配置されて、画面にきれいに収まりました。

メモ

例では、「スライドショーの記録」の前に、ビデオ画像の上部に「高地の人々の生活(ヒマラヤ山脈エリア)」と文字を配置しました。

❻ 次に、このスライドに音声（ワイプによる顔出し映像）による説明を加えます。これまで同様に、[スライドショー] タブから [スライドショーの記録] を指定します。
記録されるワイプ映像は右下ですが、最終的にスマートフォンにはめ込みを行いたいので、縦長に切り取られることを意識して、多少引き気味にパソコンのカメラアングルを調整して説明を記録していきます。

高地の人々の生活（ヒマラヤ山脈エリア）
解説の記録時には、左上のスマートフォンに映像が収まることを想定して、少し引き気味で撮影します。画面サイズは記録後に調整します。

7 スライドショーの記録後は、右下にあったワイプ画面をドラッグして左上のスマートフォンの位置まで移動させます。

高地の人々の生活（ヒマラヤ山脈エリア）
右下のワイプ画面をスマートフォンがある左上に移動させてサイズ調整をします。

8 縦横比が変わらないように、ビデオの四隅にあるハンドルをドラッグして大きさを調整します。その後、縦長に画面のトリミングを行います。

高地の人たちの生活.pptx
挿入 デザイン 画面切り替え アニメーション スライドショー 校閲 表示 ヘルプ ビデオ形式 再生
トリミング
高さ: 7.55 cm
幅: 6.83 cm
① ワイプ画面を選択して[トリミング]をクリック
高地の人々の生活（ヒマラヤ山脈エリア）
② スマートフォンのイラストの画面サイズ（縦長）に収まるように調整します。

ここでは、ワイプ画面をドラッグして上下のサイズを調整した後に、左右をトリミングで切り取っています。
00:00.00

9 表示させるスマートフォンの横幅に合わせて表示される画面範囲を調整します。

10 トリミングが終わったら、先ほどのテレビのビデオ映像と同様に、[ビデオ形式] タブの [配置] から [背面へ移動] または [最背面へ移動] を選択すると、スマートフォンのフレームにぴったりとおさまるワイプ映像ができあがります。

高地の人々の生活（ヒマラヤ山脈エリア）
テレビのほうのビデオ映像と同様に、ワイプ映像を[最背面に移動]して調整完了です。

3-5

ビデオ撮影のポイント

PowerPointに取り込むビデオ映像を撮影するときのコツ

スライドに挿入するビデオ映像は、**最終的にPowerPointに取り込めればよく、どのような機器で撮影したものでもかまいません**。専用のビデオカメラだけでなく、デジカメで撮影したビデオファイルをパソコンに取り込んでもいいですし、Surfaceのようなタブレット PCに付属するアウトカメラ（外側のカメラ）を利用して撮影すると、そのままパソコンの中にビデオファイルが保存されるので手間も少なくて済みます。

また、近年ではスマートフォンの画質も大幅に向上しているので、スマートフォンで撮影したビデオ映像を利用するのもいいでしょう。

三脚の利用 —カメラは動かさない！

一般的な撮影のコツとしては、カメラ（スマートフォン、タブレット PCも含めて）は動かさず、**固定した状態で撮影する**ことをおすすめします。スマートフォン用のホルダーが付いた三脚もあります。

テレビの映像がお手本になると思いますが、プロの映像は基本的には固定されたカメラで撮影されたものがほとんどです。手振れ防止の機能がついていたとしても、**できるだけ固定して画面を上下左右に振らないように気を付けて撮影する**と、見やすいビデオ映像になります。

編集されることを想定してアングルを決める

ビデオを撮影するときは、その撮影の目的や編集後のイメージを描きながら、**どのようなアングルが最終的な映像イメージになるかを想定して撮影**します。プロの作品であれば事前に絵コンテ等を書く場合もありますが、ある程度の最終的な映像イメージを想定すればいいでしょう。たとえば、撮影したビデオ映像の左側に文字や図形などを表示させるのであれば、その部分のスペースを考慮してアングルを決める、などです。

ただし、PowerPointの場合は、取り込んだビデオをスライド内（画面内）で自由に配置できるので、通常のビデオ編集ほど気にする必要はありません。この自由度もPowerPointで動画を作成する魅力の一つです。

ステップアップ

グリッド線を活用しよう！

デジタルカメラ(スマートフォンも含めて)には、**モニター画面にグリッド線を表示させる**機能があるものもあります。これを表示させて、垂直、水平などを確認すると見やすい映像となります。また、画面の中心ではなく、グリッド線に対象の中心がくるように撮影すると、素材として活用しやすくなります。

➲ 撮影時にグリッド線（三分割）を表示させてみた例

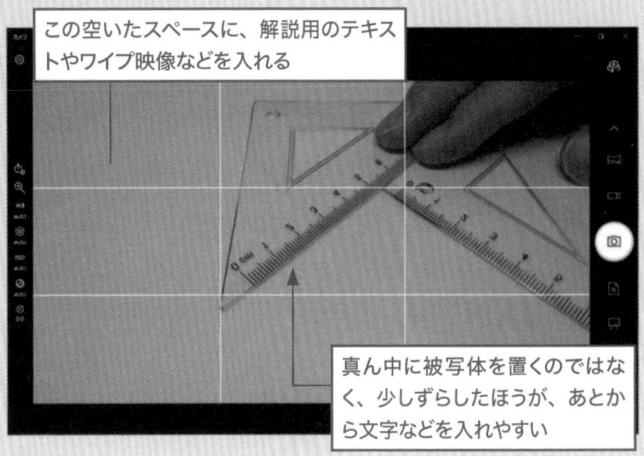
この空いたスペースに、解説用のテキストやワイプ映像などを入れる
真ん中に被写体を置くのではなく、少しずらしたほうが、あとから文字などを入れやすい

ワイプ映像の撮影のコツ —特にノートPCで撮影する場合は注目

ワイプ映像をノートパソコン付属のカメラ（インカメラ：内側についているカメラ）で撮影する場合、そのカメラの位置の関係で、どうしても顔が下から見上げたようなアングルになりがちです。

そこで、ノートパソコンを少し高めの台に乗せて、立った状態で、パソコンから離れて撮影すると、自然な映像で記録することができます。**カメラの位置が自分の目線と同じか少し高くなるくらいになるのがおすすめ**です。

メモ

右のイラストはPowerPointの3Dモデルを組み合わせて作成しています。

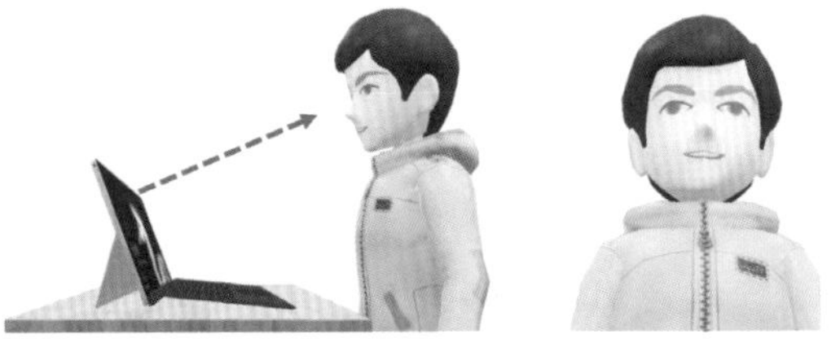

ノートPC付属のカメラは下から見上げたアングルになりがち

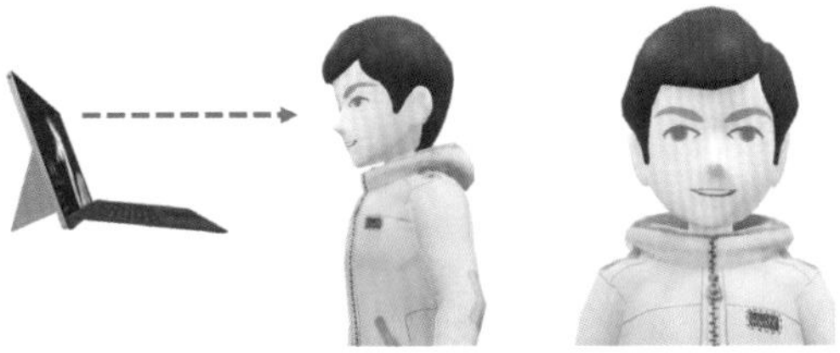

高い台の上に置いてワイプ映像を撮影すると画角が自然です

デスクトップPCに外付けカメラを接続している場合も同様に、三脚等を使って自分の目線と同じような位置にカメラがくるように調整してみましょう。

ヒント

目線と同じ高さにする工夫

ノートPCを三脚等に固定するのは無理があるので、筆者は授業動画を撮影するときは、本棚の上の段（目線と同じ高さ）に置いて、付属のカメラが目線と同じような角度になるように調整して撮影しています。皆さんもぜひカメラの配置を工夫してみてください！

筆者の授業動画撮影風景のイメージ

PowerPointの「スライドショーの記録」で録画される画面右下のワイプ映像は、あとから位置を移動することができます。**スライドのどの箇所に配置するかも想定してジェスチャーを入れる**と、効果的な説明となります。

参照
記録されたワイプ映像の位置の調整については、第2章39ページ参照。

たとえば、記録時には右下に表示されますが、最終的に画面左側に配置するのであれば、「右側にあるように……」と、自分が左側に映し出されていることを想定してジェスチャーしたり、説明を加えたりします。

カメラ加工アプリを試してみる

ワイプ映像は、クロマキー合成（※次ページの「ヒント」参照）で挿入することはできませんが、さまざまなカメラを切り替えて撮ることができます。たとえば、映像を加工できるカメラアプリでフィルターを適用するような効果を付けることもできます。

例として、「Snap Camera」というアプリを使って解説映像を撮った場合を説明します。Snap CameraをWindows10にインストールして起動すると、このように**顔や背景を加工したりアバターに変化させる**ことができます。

映像を加工できるカメラアプリ「Snap Camera」の画面

さまざまなフィルターで映像を簡単に加工できます。

Snap Cameraを起動した状態で、PowerPointの[スライドショーの記録]画面右上の[設定]から[カメラ]をクリックします。選択できるカメラの一覧に「Snap Camera」が表示されるので、それを選択すると、Snap Cameraの映像加工の効果が適用された映像を記録できます。

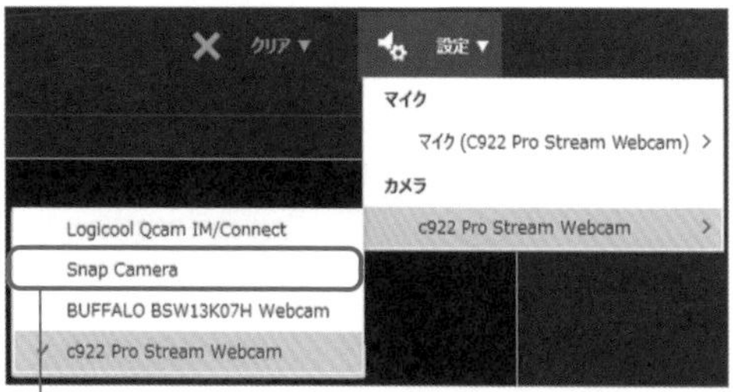

[設定]の[カメラ]から「SnapCamera」を選択します。

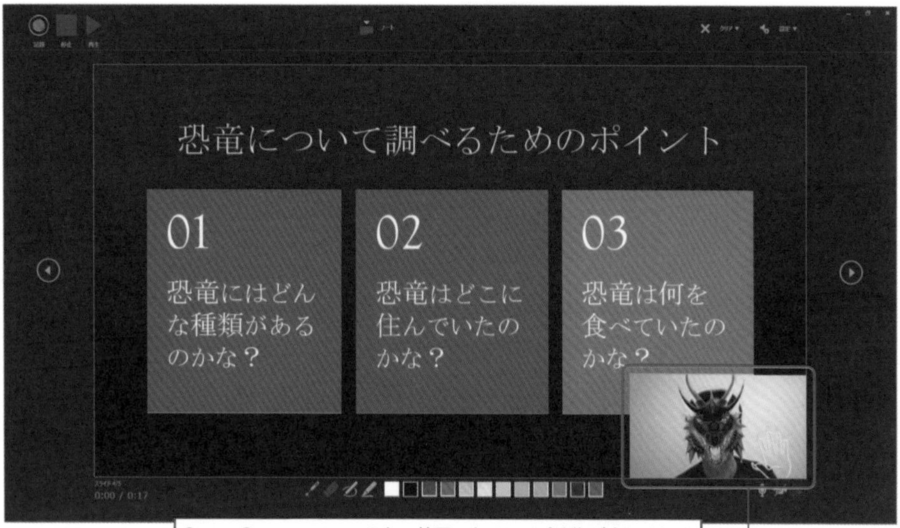

Snap Cameraのフィルター効果のあるワイプ映像が表示されます。この例は、恐竜のアバターに変身した解説者の映像です。

ヒント

クロマキー合成とは

背景と登場人物を合成して、あたかもその背景の前にいるように見せる合成技術のこと。特定の色の背景（主に緑色を使うことが多い）を切り抜いて、映像を合成します。映画などの特殊効果などで使われますが、最近の動画編集アプリでは利用できるものが増えてきました。残念ながらPowerPointには備わっていません。

ヒント

画面切り替えの効果は、挿入された映像にも適用されるのか？

複数のスライドにビデオ映像を挿入して、画面を切り替えながら再生していく場合、画面切り替えの効果を設定しても、映像が停止した状態で効果（フェードやワイプ等）が適用されます。映像を再生させながら画面切り替えを行うためには専用の動画編集ソフトが必要です。

Column

Zoomによるオンラインリアルタイム授業でPowerPointを活用

本書では、授業動画や解説動画など、動画をあらかじめ作成して提供する方法としてPowerPointを活用する方法を扱っています。一方で、学校、主に大学の授業ではZoomをはじめ、Microsoft TeamsやGoogle Meetなどといった相互通信アプリケーションを活用してリアルタイムで授業を配信する方法も行われています(「同期型」といいます)。

これらのアプリケーションでは、通信時に、パソコンのデスクトップ画面や特定のアプリケーション画面を共有して見せることができます。特に、PowerPointを上手に共有できれば、教室で授業を行っているのと変わらない環境になります。

ここでは、Zoomを例に、PowerPointを共有する方法を紹介します。

Zoomで画面を共有する

1 授業や解説、講演などで使うPowerPointファイルをあらかじめ起動させておきます。
2 [スライドショー] タブの [最初から] をクリックして、スライドショーを開始します(F5キーを押しても開始できます)。
3 Zoomのメニューから [画面の共有] をクリックすると、以下のような共有アプリケーションの選択を促す画面が現れます。
4 パソコン上で起動しているアプリケーションすべてが一覧で表示されるので、その中から、通信している相手に見せたいアプリケーションの画面を選択します。

Zoom の [画面の共有] をクリックしたときの画面

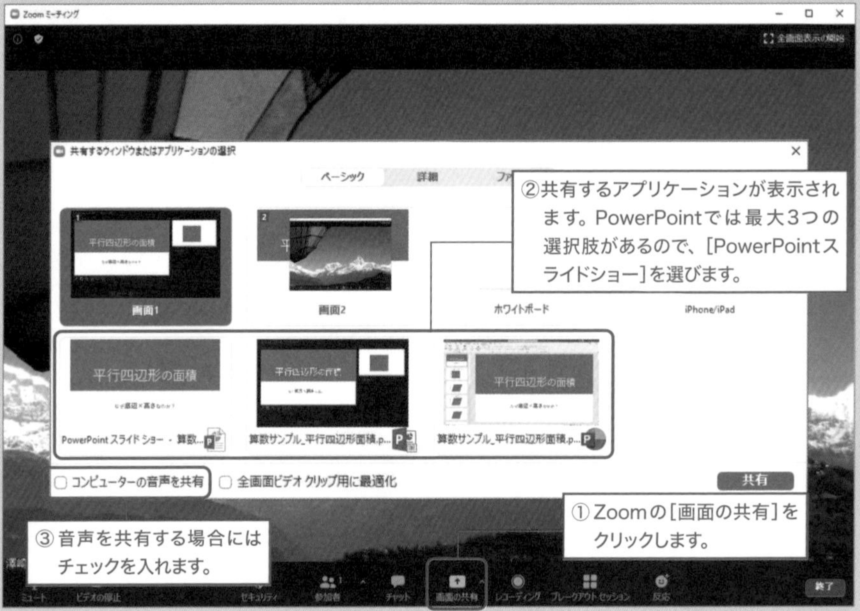

PowerPointの画面を共有する場合のコツは、あらかじめPowerPointをスライドショーの状態にしてから、共有するアプリケーションを選択することです。

スライドショーをスタートすると、画面上はスライドショーだけの状態になりますが、実際には発表者ツール等も含めて、下の段にあるように3つのPowerPointの画面が存在しています。左から、「PowerPointスライドショー」の画面、真ん中の「算数サンプル…」は発表者ツールの画面、一番右の「算数サンプル…」は通常の編集画面です。この3つから、「PowerPointスライドショー」を選択して共有してください。

このときに、左下の［コンピューターの音声を共有］をチェックしておくことで、PowerPointスライドに設定されている音声なども相手に伝えることができます（このチェックがオンになっていないと、自分のパソコンの音声は相手に伝わりません）。

ヒント

PowerPointをスライドショーにしておくと、Zoomの操作画面が見えなくなってしまう場合がありますが、その場合には、Alt キーと Tab キーを同時に押すことで、表示させるアプリケーションを切り替えることができます。スライドショーにしたあとに、Zoomのアプリケーションを表示させると混乱せずにすみます。

画面の共有ができれば、操作はこれまでのPowerPointのスライドショーと同様です。マウスのクリックやキーボードでの操作に合わせてアニメーションの効果や画面の切り替えを表示することが可能です。

これらの機能は、Zoomだけでなく、Google Meetなどの他のアプリケーションでも同様です。ぜひ、オンライン授業（同期型）にPowerPointのスライドを活用してみてください。

PowerPointのスライドをZoomの背景にして授業を実施

Zoomは常にバージョンアップが行われていますが、2020年8月末のバージョンアップでPowerPointのスライドを取り込んで、画面の背景として設定できる機能がつきました。「BETA」と表示されているので、まだ仮運用の状態ですが、この機能を活用すると、自分の姿とPowerPointを合成して、相手に表示できるようになります（お使いのパソコンの性能によっては、合成できない場合があります）。

先ほど説明した［画面の共有］をクリックして表示されるメニュー上部の［詳細］タブをクリックすると、次ページ上の図のような選択画面に切り替わります。この左端にある［バーチャル背景としてのPowerPoint］を選んで［共有］をクリックすると、ファイルを選択する画面に切り替わるので、表示させたいPowerPointファイルを指定します。

すると、画面全体に表示されたPowerPointのスライドの右側に自分自身のカメラでの合成映像が表示され、スライドの中に自分がいるような画面を演出できます。これまでも、バーチャル背景の機能はありましたが、**複数のスライドを背景として指定でき、それらをスライドショーのように切り替えて利用できるようになった**のが最大の利点です。現時点では、**PowerPointのアニメーション効果は再現されない**ので、あくまで静止画としてのスライドのみを表示できるにとどまっています。BETAと表示されているように、今後のバージョンアップに期待したいと思います。

[バーチャル背景としての PowerPoint] を画面共有

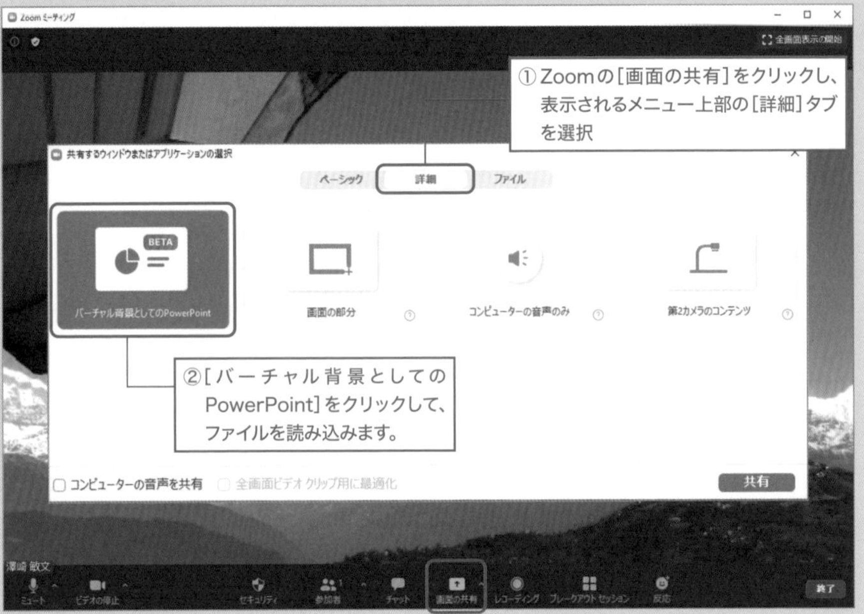

実際に合成した画面

背景として読み込んだ PowerPoint の元ファイル

第4章

アニメーション機能を使った表現と作成方法

この章では、PowerPointのアニメーション機能の基本的な考え方や、授業動画・解説動画等を作成する場合にどのように活用すると効果的であるかなどを解説します。動画の記録時にはアニメーション効果も一緒に記録されるので、あらかじめ設定しておくことで動きのある動画を作成することができます。

4-1 授業・解説におけるアニメーション効果の基本的な考え方

PowerPointには、スライド内の文字や図形を動かしたり、強調したり、表示・非表示にしたりと、手軽に「アニメーション」効果を設定できる機能があります。PowerPointを頻繁に活用している方にとっては、アニメーション効果を使ったスライド作成はおなじみのことでしょう。使い方次第では**言葉で伝える以上の効果がある**と考えられる場合は、積極的に活用して視聴者の理解を助ける工夫をしていきたいものです。

アニメーション効果を使用する3つのメリット

特に、授業動画や解説動画において有効である理由を以下の3つにまとめました。

メリット1 文章だけでは把握しづらい連続的な表現を実現できる

ホワイトボードや黒板での板書では困難な連続的な表現を簡単に実現できます。特に、通常のスライドに加えて、アニメーションを活用することで、時間軸での連続的な流れや変化を表現したり、立体的な位置関係を視覚的に表現したりと、文章だけでは把握しづらい状況をイメージしやすい映像で提供できます。

メリット2 複雑な図表の描画の様子を再現できる

複雑な図や表を板書するのは、描いていくにも時間がかかり、消してしまったら元に戻すことはできません。PowerPointを活用すれば、決められた授業時間、解説時間内に効率よく説明の補助資料を挟むことができます。特に、アニメーション機能を使うと、描画の様子を進めたり、戻したりということを簡単に行うことができます。

メリット3 PowerPointなら簡単に作成でき、動画にして配信できる

動画編集ソフトで同じ効果を出すためには、編集にとても時間がかかります。PowerPointであれば基本的なアニメーション機能で簡単に実現可能です。そして作成したものは、最終的に動画にして配信できるというメリットがあります。

ヒント

上記のようなメリットがある一方で、ビジネスなどのプレゼンテーションでは、特別な意図や意味がないのであれば、**アニメーション効果の使用は必要最低限であることが望ましい**と一般に言われています。重要、かつ、伝えたいことは「内容」です。アニメーション効果により、理解

や印象が薄らいでしまったり、本来伝えたいことが伝わらないのでは意味がありません。プレゼンテーションはシンプルであるのが原則です。

アニメーション効果を授業動画・解説動画で活用できる例

PowerPointでアニメーション効果を活用する動画教材の例としては、以下のようなものが考えられます。

- さまざまな教科で使える穴埋め問題、選択問題などをアニメーションで表現
- さまざまな教科で、ビデオ映像にテロップを入れて説明を補足し伝わりやすくする
- 理科や社会などで出てくる「データの比較」の棒グラフや折れ線グラフの表示をアニメーションで表現 → より比較しやすくなり、理解が深まる
- 算数・数学の複雑な文章問題などで、動きのあるアニメーション表現で図解して視覚的にわかりやすく伝える
- 英語や国語で、段落ごとに文章を表示したり、英単語の綴りを順に表示していく
- 理科の生物等で3Dモデルなどを活用し、立体的に動かして視覚的にわかりやすく

この章では、スライド内の文字や図形を動かしたり、強調したり、表示・非表示にしたりできる「アニメーション」効果を活かした教材の作成例について解説をしてきます。

アニメーション効果を活用した授業動画・解説動画

解説動画全般

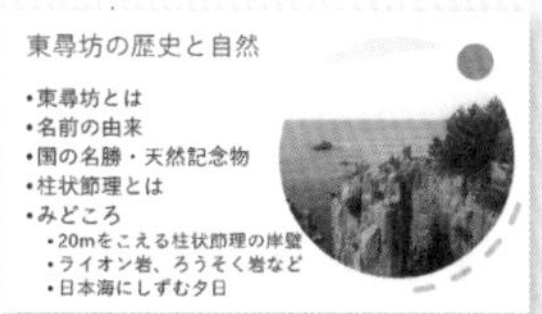

東尋坊の歴史と自然
•東尋坊とは
•名前の由来
•国の名勝・天然記念物
•柱状節理とは
•みどころ
•20mをこえる柱状節理の岸壁
•ライオン岩、ろうそく岩など
•日本海にしずむ夕日

PowerPointならではの、箇条書きや写真などによるシンプルな解説（→ 89 ページ）

国語・英語

英語の会話例
Angela: Is Tom from Osaka?
Aoi: No, he is not.
He is from Fukui.
Angela: Is he a student?
Aoi: Yes, he is.
He is a new student.

段落や単語ごとに文章を表示したり、1文字ずつ順に現れるアニメーション表現(→94ページ)

理科など

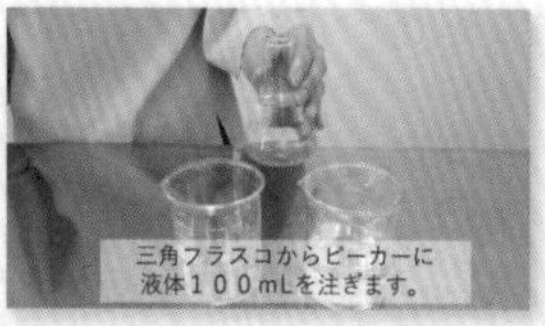

三角フラスコからビーカーに
液体１００mLを注ぎます。

ビデオ画像に、現れて消えるテロップを入れて伝わりやすい説明を（→ 99 ページ）

算数・数学

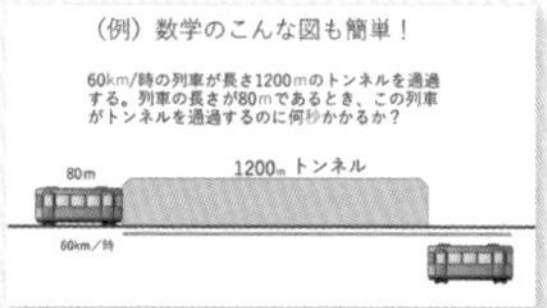

（例）数学のこんな図も簡単！
60km/時の列車が長さ1200mのトンネルを通過する。列車の長さが80mであるとき、この列車がトンネルを通過するのに何秒かかるか？
80m
1200m トンネル
60km／時

文章問題などで、複雑な文章問題を動きのあるアニメーションで図解して表現(→ 108 ページ)

理科・社会

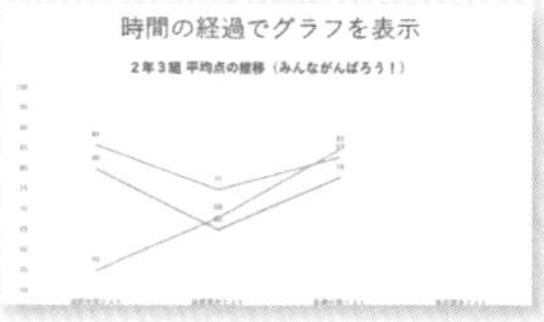

時間の経過でグラフを表示
2年3組 平均点の推移（みんながんばろう！）

棒グラフ、折れ線グラフなどをアニメーション化。時系列や項目別に表示させて、比較しやすいように表現（→ 110 ページ）

全教科

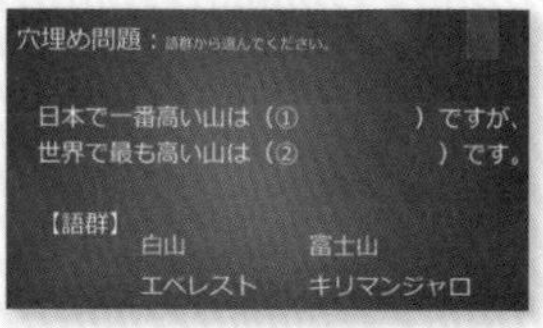

穴埋め問題：
日本で一番高い山は（①　　）ですが、
世界で最も高い山は（②　　）です。
【語群】
白山　富士山
エベレスト　キリマンジャロ

穴埋め問題、選択問題などをアニメーションで表現（→ 114 ページ）

理科など

肉食の恐竜

3D モデルを回転させて、視覚的に理解しやすい表現を（→ 117 ページ）

算数・数学

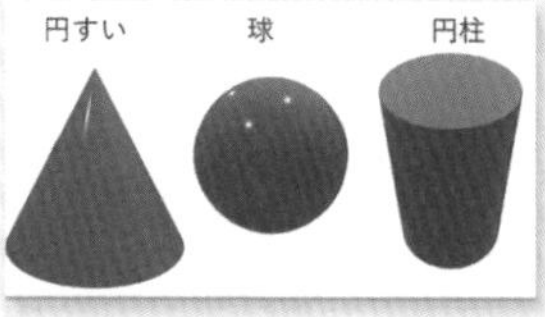

円すい
球
円柱

平面図形、立体図形などを 3D モデルで表現（→ 127 ページ）

理科など

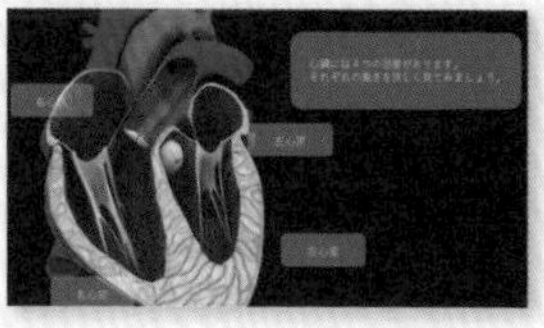

3D モデルなどを活用した模型を動画で（→ 130 ページ）

PowerPointのアニメーション機能とは

PowerPointの「アニメーション」とは、スライド上の文字、図形、画像等に動きを付けることができる機能です。アニメーションには、その効果が表示されるタイミングで**「開始」「強調」「終了」「アニメーションの軌跡」**の4種類があります。

メモ

サンプルファイルと解説動画をダウンロードで提供しています。詳しくは165ページ参照。

たとえば、以下の図が説明の時間の流れだとします（左から右へと説明の時間が進み、スライドも変化していきます）。

説明と同時に文字が表示され（**❶開始**）、次にその文字サイズが大きく拡大し（**❷強調**）、その後、画面の上部に移動して（**❸軌跡**）、説明が終わったらゆっくりと消えていく（**❹終了**）ようなアニメーション効果を考えてみましょう。

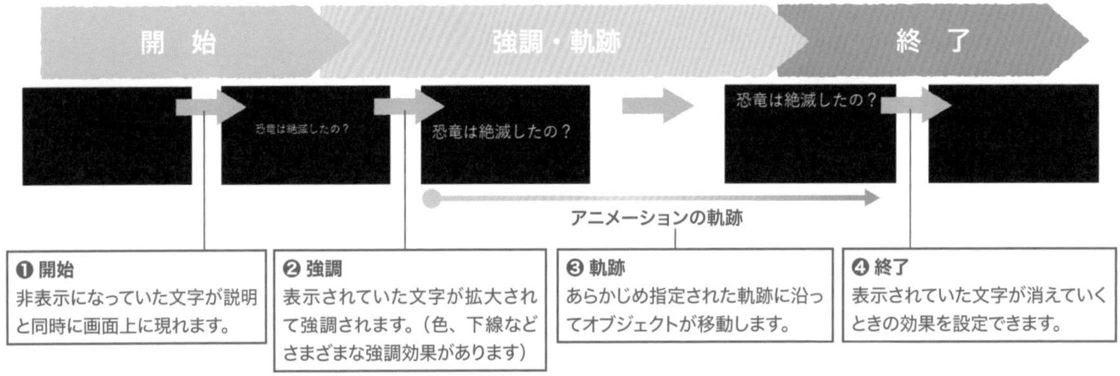
開　始
強調・軌跡
終　了
恐竜は絶滅したの？
恐竜は絶滅したの？
恐竜は絶滅したの？
アニメーションの軌跡
❶ 開始
非表示になっていた文字が説明と同時に画面上に現れます。
❷ 強調
表示されていた文字が拡大されて強調されます。（色、下線などさまざまな強調効果があります）
❸ 軌跡
あらかじめ指定された軌跡に沿ってオブジェクトが移動します。
❹ 終了
表示されていた文字が消えていくときの効果を設定できます。

❶開始

なにも表示されていない状態から、クリック等で文字や図形を表示させるのが「開始」の効果です。たとえば、複数のポイントが箇条書きで書かれたスライドを説明する場合に、箇条書きを1つずつ順に表示させながら説明をしていくと、ポイントを聴き手に明示できて効果的です。

アニメーション効果には「バウンド（画面の外側から飛び込んでくる効果）」や「ターン（回転しながら表示される効果）」等、さまざまなものが用意されていますが、授業や解説、プレゼンテーションで実際に一番多く利用し、かつ、おすすめなのは**「アピール（その場で瞬時に表示される）」**と**「フェード（その場でゆっくりと現れる）」**です。

開始
アピール
フェード
スライドイン
フロートイン
スプリット
ワイプ
図形
ホイール
ランダムスト…
グローとターン
ズーム
ターン
バウンド

❷強調

スライド上に表示されている**文字や図形等を強調して目立たせたい**場合に使用します。文字であれば、その箇所を説明するときだけ拡大したり、動きを付けて目立つようにしたり、下線付きや太文字で表示したりと、さまざまな強調効果で示すことができます。前ページの例では、文字をその場所で大きくする「拡大」効果を設定しています。

❸アニメーションの軌跡

文字や図形等を指定した軌跡に沿って自由に動かすことができます。あらかじめ用意されている軌跡以外にも、自分で自由に描いた軌跡で動かすことができます。

前ページの例では「直線」を設定し、文字を表示された場所（中央）から、画面上部に移動させています。

❹終了

表示されている文字や図形を非表示にするときの効果を設定します。スライド内の説明が終わって、聴き手の注意を話者のほうに戻したい場合等に使用すると効果的です。前ページの例では、表示されていた文字が徐々に消えていく「フェード」効果を設定しています。

そのほかにも、さまざまな終了の効果が用意されていますが、「開始」の設定と同様に、おすすめは「クリア（その場で瞬時に消える）」と「フェード（その場で徐々に消える）」です。

メモ

アニメーションには、この4種類以外に、「メディア」「インク」に対する効果もあります。動画や音楽などの再生・停止のタイミグを指定したり、ペンでの手書きを指定したりするためのものです。

これら4種類を組み合わせていくことで、目的に対応した授業や解説をより効果的にわかりやすく実施できます。

PowerPointのアニメーション効果は、基本的にすべて[アニメーション]タブの中で設定できます。それぞれのアニメーション効果には「設定のオプション」や表示時間の調整など詳細な設定項目が用意されています。

アニメーション効果を設定すると、スライド上には、その効果の設定順に番号タグが付与され、[アニメーションウィンドウ]で詳細な設定を確認することが可能になります。

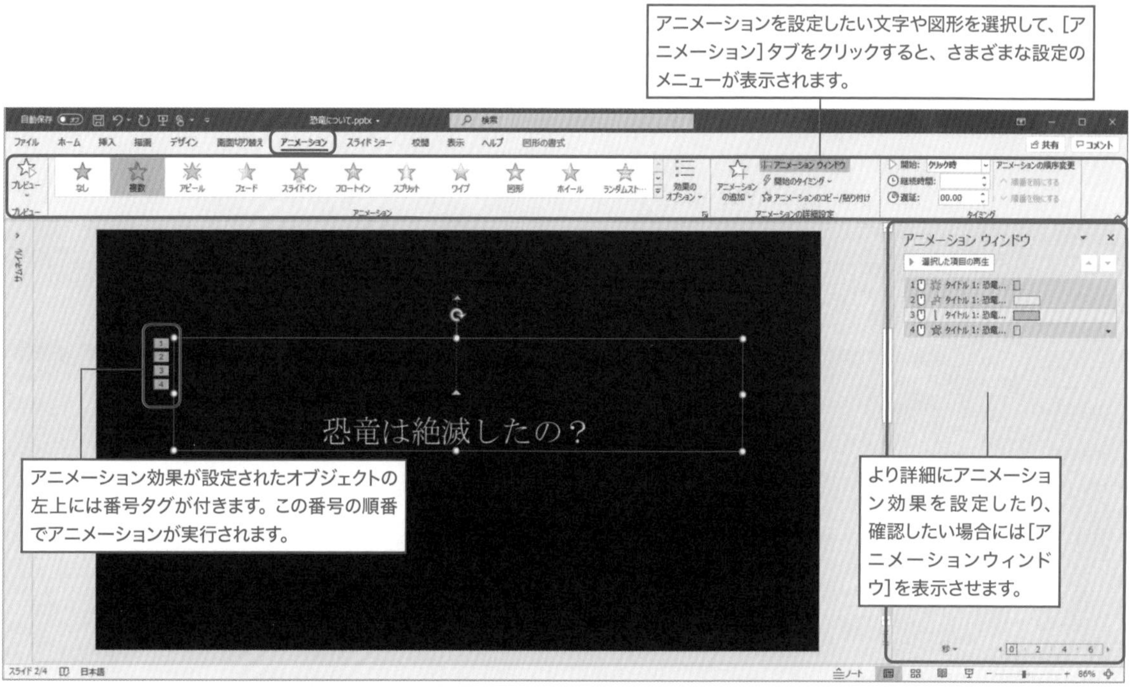
アニメーションを設定したい文字や図形を選択して、[アニメーション]タブをクリックすると、さまざまな設定のメニューが表示されます。
恐竜は絶滅したの？
アニメーション ウィンドウ
アニメーション効果が設定されたオブジェクトの左上には番号タグが付きます。この番号の順番でアニメーションが実行されます。
より詳細にアニメーション効果を設定したり、確認したい場合には[アニメーションウィンドウ]を表示させます。

参照

「画面切り替え」の効果を活用した実際の例は、120ページ参照。

ヒント

アニメーションと画面切り替えは違うの？

PowerPointでの動きのある効果には「アニメーション」以外に「画面切り替え」があります。「アニメーション」が文字や図形等の個別のオブジェクトに対する細かい動きの設定であるのに対して、**「画面切り替え」の効果は、スライドからスライドに切り替わるときの全体の効果**となります。

ですが、場面を大きく転換させたい効果を見せるときだけでなく、アニメーションの設定と同じような効果を手軽に実現したい場合に活用できます。特に、授業動画や解説動画等の作成に効果的に活用することで、動きのあるスライド作成の手間を大幅に軽減することが可能になります。

アニメーションの設定方法(基本編)

アニメーションを設定するには、設定したいオブジェクト(文字・図形など)を選択してから[アニメーション]タブをクリックし、[アニメーション]の一覧から設定したい効果を指定します。

箇条書きや段落ごとに順番に文字を表示する

文字を順番に表示させるようなアニメーション効果を設定する場合、[アニメーション]タブをクリックし、[アニメーション]のさまざまな効果の一覧から1つを指定します。ここでは、例として**「フェード(ゆっくりと文字が現れる)」**を指定してみると、箇条書き(または段落)の項目ごとに「フェード」の効果で文字が表示されます。また、段落の左横に「番号タグ」が表示され、それぞれの段落が何番目に表示されるかを確認することができます。

◀◀ 参照

右の例のように、写真を丸く切り抜く方法については、163ページ参照。

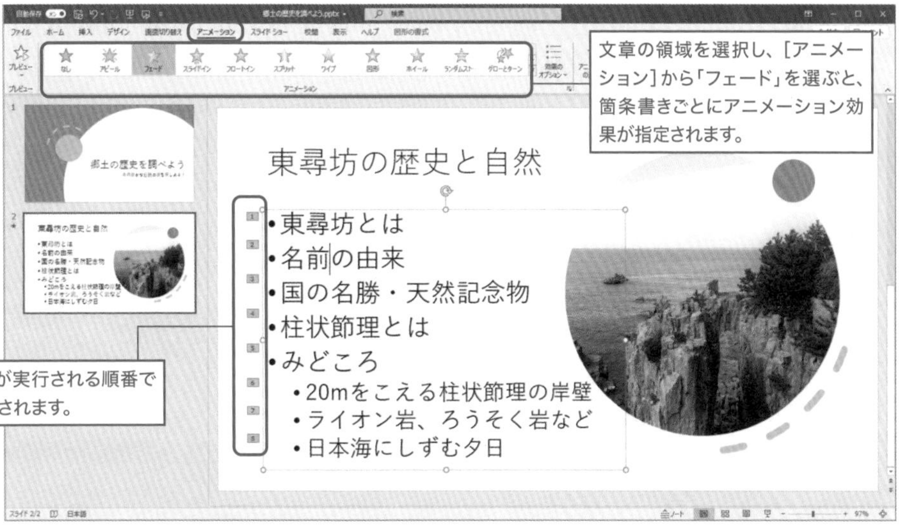

文章の領域を選択し、[アニメーション]から「フェード」を選ぶと、箇条書きごとにアニメーション効果が指定されます。
東尋坊の歴史と自然
•東尋坊とは
•名前の由来
•国の名勝・天然記念物
•柱状節理とは
•みどころ
•20mをこえる柱状節理の岸壁
•ライオン岩、ろうそく岩など
•日本海にしずむ夕日
アニメーションの効果が実行される順番で左端に番号タグが表示されます。

アニメーション効果が指定されているスライドにはアイコンが表示されます。
「その他のオプション」をクリックすると、多くの効果の一覧が表示されます。
郷土の歴史を調べよう
東尋坊の歴史と自然
•東尋坊とは
•名前の由来
•国の名勝・天然記念物

メモ

PowerPointの場合、文字を配置する領域としてテキストボックスとプレースホルダーの2つがありますが、どちらの場合でも同じようにアニメーション効果として機能します。

それぞれのアニメーション効果には**[効果のオプション]**を設定することができます。文字の「フェード」の場合、選択した文章の領域（箇条書きのまとまった文章）を「1つのオブジェクトとして」一度に表示させる方法、段落を「すべて同時」に表示させる方法、「段落別」に表示させる方法の3つのオプションが用意されています。

たとえば「すべて同時」を指定すると、すべての段落の文字が一度に「フェード」の効果で表示されます。左側の番号タグがすべて「1」に変わり、同時に表示されることが視覚的にわかるようになっています。

メモ

［効果のオプション］は選択した効果によって設定できる内容が変わります。

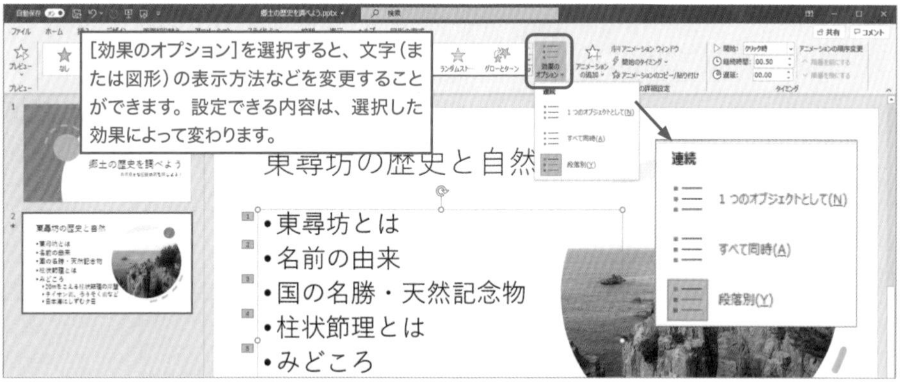
[効果のオプション]を選択すると、文字（または図形）の表示方法などを変更することができます。設定できる内容は、選択した効果によって変わります。
東尋坊の歴史と自然
•東尋坊とは
•名前の由来
•国の名勝・天然記念物
•柱状節理とは
•みどころ
連続
1つのオブジェクトとして(N)
すべて同時(A)
段落別(Y)

オブジェクトにアニメーションを設定する

アニメーションを設定したいオブジェクト（図形など）を選択して、文字の場合同様に［アニメーション］タブをクリックし、［アニメーション］から効果を指定します。

例として「フロートイン」を設定してみました。設定すると、オブジェクトの左側に「9」番の番号タグが付きます。これは、先ほど設定した文字も含めて、その**スライド内でのアニメーションが再生される順番**を示しています。1〜8までの文字が表示されたあとにこのオブジェクトが表示されます。

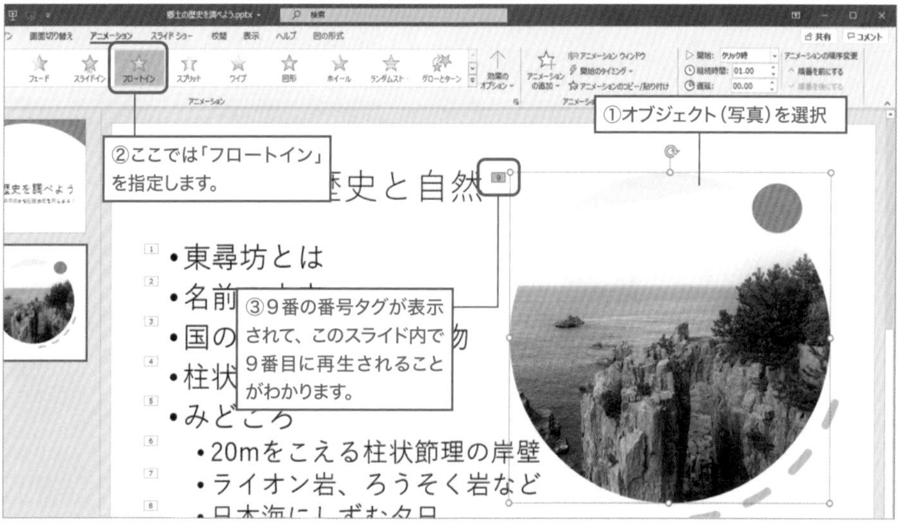
①オブジェクト（写真）を選択
②ここでは「フロートイン」を指定します。
③9番の番号タグが表示されて、このスライド内で9番目に再生されることがわかります。
•東尋坊とは
•20mをこえる柱状節理の岸壁
•ライオン岩、ろうそく岩など

アニメーションが表示される順番を変更する

前ページの例では、文字がすべて表示されてから最後に写真（オブジェクト）が表示されるように設定しています。この表示順を変更する場合には、変更したいオブジェクトを選択して、[アニメーション] タブの右側にある **[アニメーションの順序変更]** を指定します。

[順番を前にする] をクリックすると番号タグの順番が小さくなっていくので、早い順番で表示されることが確認できます。

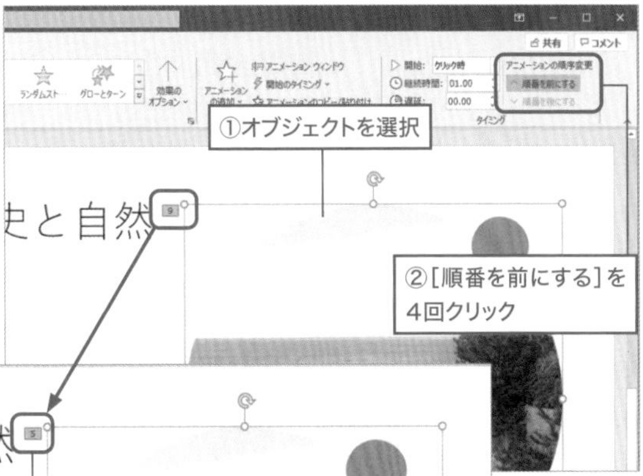

アニメーションの順序変更
順番を前にする
①オブジェクトを選択
史と自然
②[順番を前にする]を
4回クリック

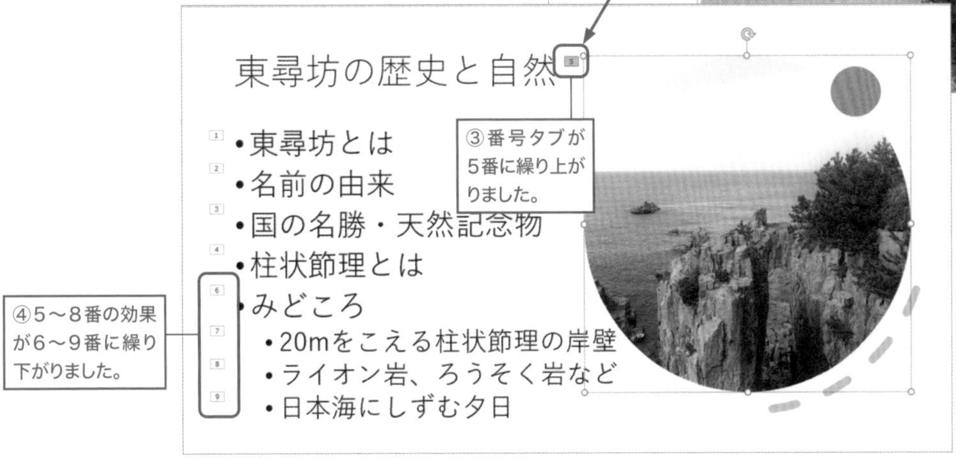

東尋坊の歴史と自然
③番号タブが
5番に繰り上が
りました。
•東尋坊とは
•名前の由来
•国の名勝・天然記念物
•柱状節理とは
•みどころ
•20mをこえる柱状節理の岸壁
•ライオン岩、ろうそく岩など
•日本海にしずむ夕日
④5～8番の効果
が6～9番に繰り
下がりました。

アニメーション効果を削除する

アニメーション効果を削除するには、削除したいアニメーション効果の**番号タグをクリックして[アニメーション] タブのアニメーション効果の一覧から「なし」を指定**します。または、番号タグをクリックして Del キーを押しても同様に削除可能です。

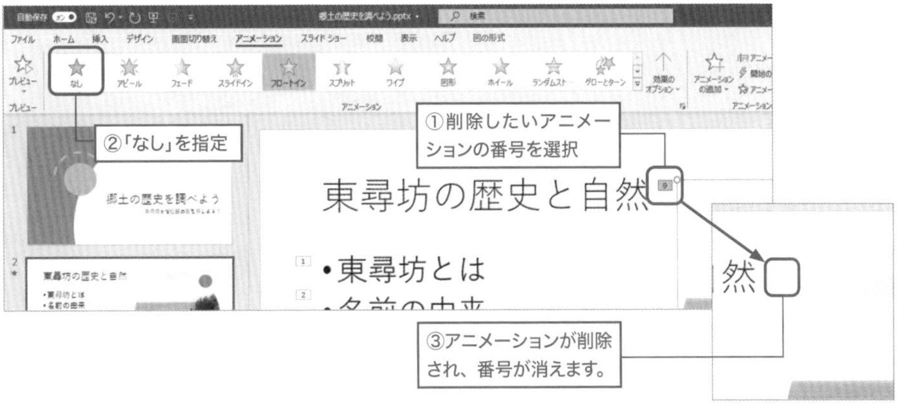

なし
アピール
フェード
スライドイン
フロートイン
スプリット
ワイプ
図形
ホイール
ランダムストライプ
グローとターン
②「なし」を指定
①削除したいアニメー
ションの番号を選択
東尋坊の歴史と自然
•東尋坊とは
然
③アニメーションが削除
され、番号が消えます。

表示されるタイミングやスピードを調整する

アニメーション効果が表示されるタイミングやスピードを調整する場合には、対象となるオブジェクト、または、番号タグをクリックして**[アニメーション]タブの[タイミング]で調整**を行います。

[開始]のタイミングの初期設定は「クリック時」になっています。

「直前の動作と同時」を選ぶと、一つ前のアニメーションと同時にアニメーション効果が表現されます。

「直前の動作の後」を選択すると、一つ前のアニメーションが実施された後に、自動的にアニメーションが実施されます。

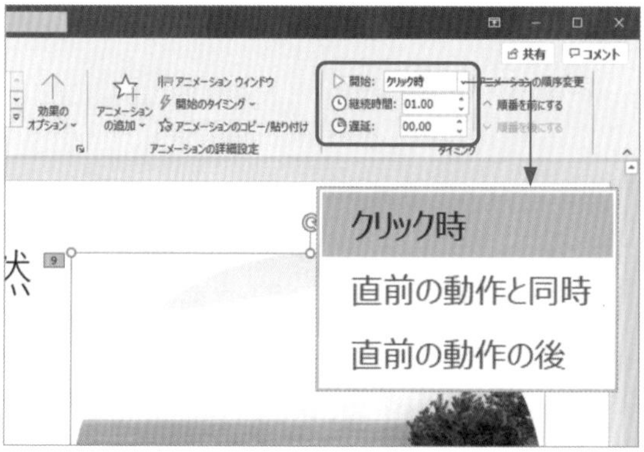

[継続時間]はアニメーション効果が始まって終わるまでの長さです。たとえば、「フェード」の継続時間を長く設定すれば、ゆっくりと文字が表示される効果を演出できます。逆に短く設定すれば、素早く表示されます。

[遅延]では、[開始]で指定されたスタート時点(クリック時、直前の動作と同時、直前の動作の後)から、**どの程度遅れてアニメーションが再生されるかを設定**できます。たとえば、「直前の動作の後」を選択して2つのアニメーションを連続して自動再生させる場合、1つめのアニメーション再生の終了後にしばらくの間をおいて2つめを再生させることが可能になります。

ヒント

動画の場合は「クリック時」のままがおすすめ!

授業や講義、仕事などでPowerPointを普段から利用されている方は体感されていると思いますが、項目の移動や表示などのアニメーション効果は自分の話すタイミングで再生したいと思うもの。**タイミングは手動で実施するのがおすすめ**です。

スライド画面の記録(第2章参照)は、基本的に操作した内容すべてを記録していくので、あらかじめ設定していたタイミングではなく、クリックしてタイミングを変更した場合はこちらが優先的に記録されていきます。

アニメーションウィンドウで詳細設定

基本的なアニメーション効果から、さらに詳細な設定を行いたい場合には、「アニメーションウィンドウ」を利用するのが便利です。

[アニメーション]タブをクリックして[アニメーションウィンドウ]をクリックする

と画面右側に「アニメーションウィンドウ」が表示されます。

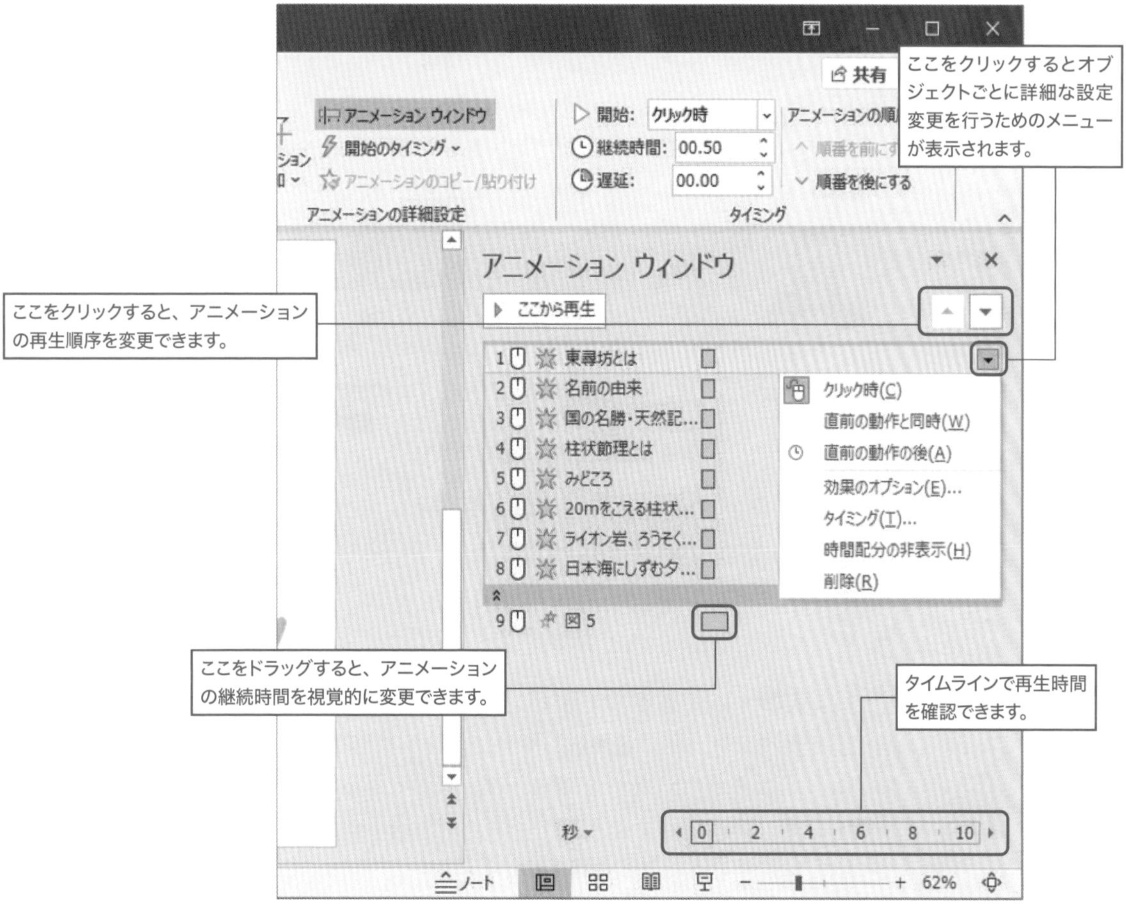

4-2 箇条書き（段落）を順番に表示させるアニメーション

通常のプレゼンテーションの場でもそうですが、授業動画や解説動画で最も多用するのが、**箇条書き（段落）が順番に表示されるアニメーション**です。シンプルで簡単な操作で設定できる効果ですが、聞き手にとってもスライドのどの部分を解説しているのかがわかりやすいのが特徴です。

英語の会話例が一文ずつ表示されるように設定する

たとえば、英語などの授業で会話例を見せて生徒に練習をさせたい場合を例にアニメーションを設定してみます。

最初に会話全体を見せて、そのあとに、1文（1段落）ずつ表示させて会話練習・発音練習を行うようにします。

メモ

サンプルファイルと解説動画をダウンロードで提供しています。詳しくは165ページ参照。

英語の授業で、会話練習を行う場合のスライド例

英語の会話例
Angela: Who is he?
Aoi: He is Tom.
He is from Sakai City.
Angela: Oh, is he from Osaka?
Aoi: No, he is not.
He is from Fukui.

1文ずつ（1段落ずつ）表示させる設定

会話例が表示されている文章の領域を選択して、［アニメーション］タブをクリックします。さまざまな効果から「アピール（表示されるだけの効果）」を選びます。どのような効果でもかまいませんが、文章を順に表示させるだけなので、**「アピール」や「フェード」のようにシンプルなもの**を選ぶとよいでしょう。

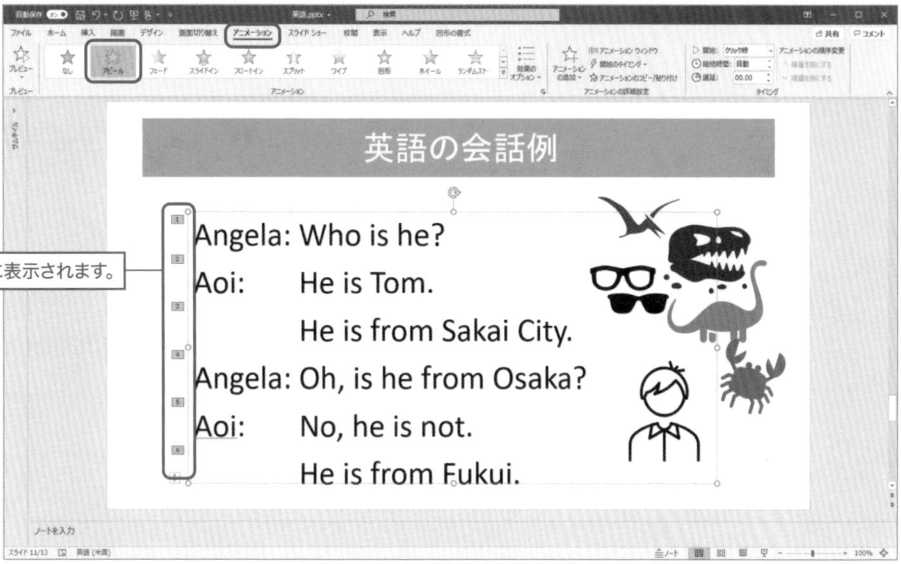
英語の会話例
Angela: Who is he?
Aoi: He is Tom.
He is from Sakai City.
Angela: Oh, is he from Osaka?
Aoi: No, he is not.
He is from Fukui.

1文ずつ順に表示されます。

4-1の基礎編でも解説しましたが、標準の設定では、これだけで1文ずつ文章が表示されるようになります。

ヒント

すべての会話を一度に表示させたい場合には、[アニメーション] タブから[効果のオプション] を選び、[連続] のメニューから「すべて同時」を選ぶことで変更できます。

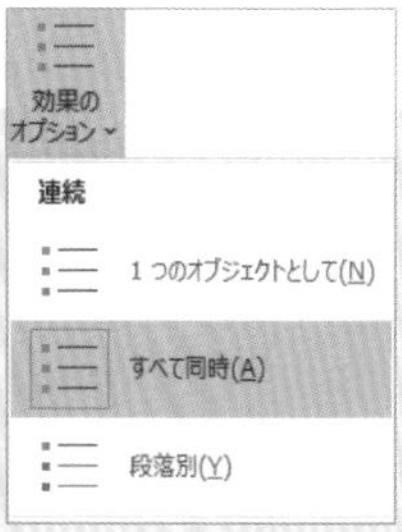
効果の
オプション
連続
1つのオブジェクトとして(N)
すべて同時(A)
段落別(Y)

単語を1つずつ表示させる

次に、**単語を1つずつ表示させる**（英語、日本語ともに）場合の例です（次ページ）。文法の説明となる1行目の「Tom is 〜.（トムは〜です。）」は1文を一度にすべて表示させて、次の例文からは、単語ごとに順番に表示させる場合の設定です。

この場合、先ほどの例と同様に、文章の領域を選択して、[アニメーション] タブをクリックし「アピール」の効果を指定します。

ここで、2行目以降の文章は段落のレベルが一つ下がっています。するとPowerPointは、**2行目以下が1行目に属する1つの段落として認識するので、すべての文が同時に表示**されます。各行の横の番号タグもすべて「1」になっているので、同時に表示されることがわかります。この場合、**表示順を調整して順番に表示されるようにする**必要があります。

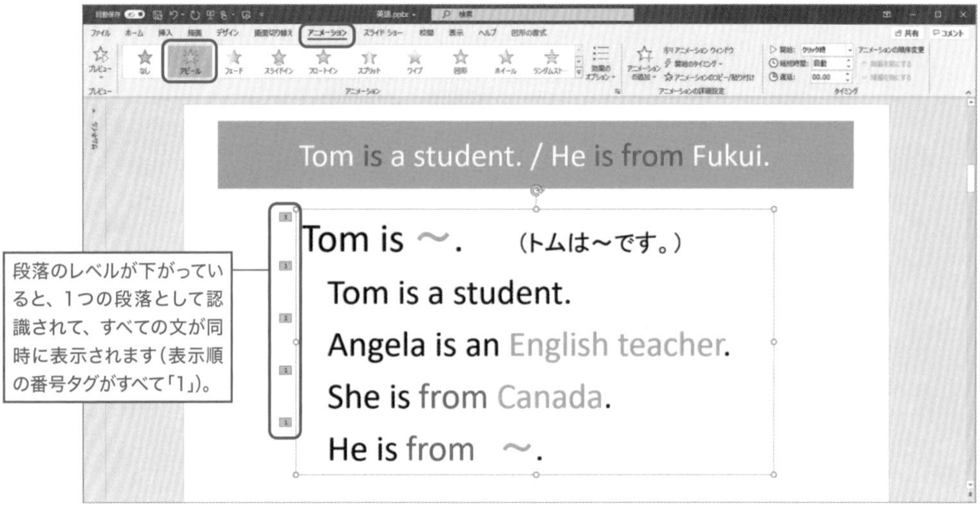

❶ 表示させる順番など、アニメーション効果の詳細を設定するためには、[アニメーション]タブから[アニメーションウィンドウ]をクリックします。すると右側に「アニメーションウィンドウ」が表示されます。

❷ [アニメーションウィンドウ]から、**それぞれのオブジェクトの詳細設定を開き、「クリック時」を選択**すると、表示の順番の調整ができます。

❸ すべて「クリック時」に設定して1文ずつ表示されるようにしてみました。番号タグが1～5に割り振られて、クリックで順番に表示されることがわかります。

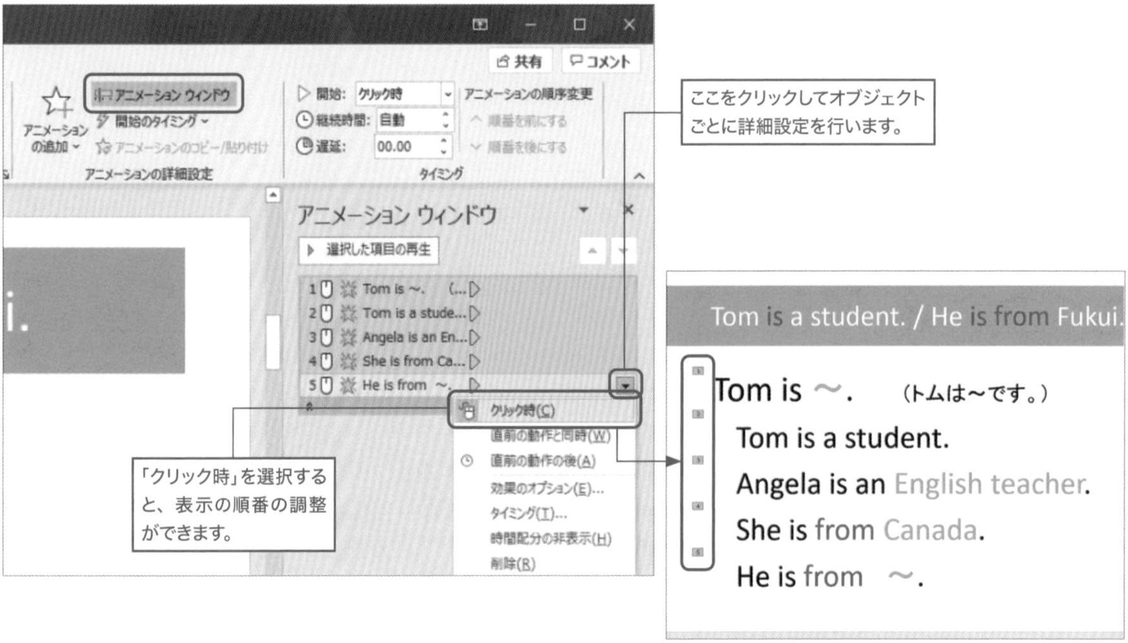

4 さらに、2行目～5行目を単語単位で表示させるための設定を行います。2行目の「Tom is a student.」のオブジェクトの詳細設定から、**[効果のオプション]**を選びます。

5 表示されたダイアログボックスの[効果]のタブの[テキストの動作]のプルダウンメニューから、**「単語単位で表示」を指定**します。これで、英文が、単語単位で表示されるようになります。

この設定で、[スライドショー]タブから[スライドショーの記録]で解説を録音(録画)していくと、アニメーションにより英文が単語ごとに表示されていきます。

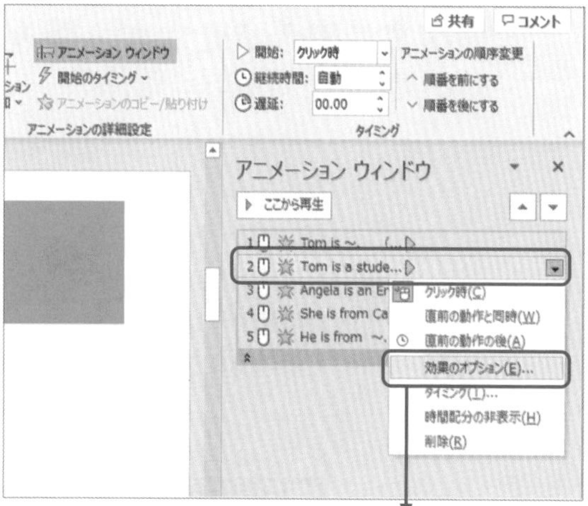

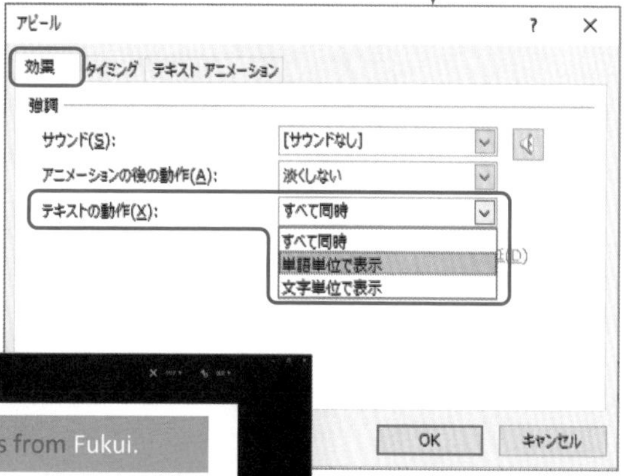

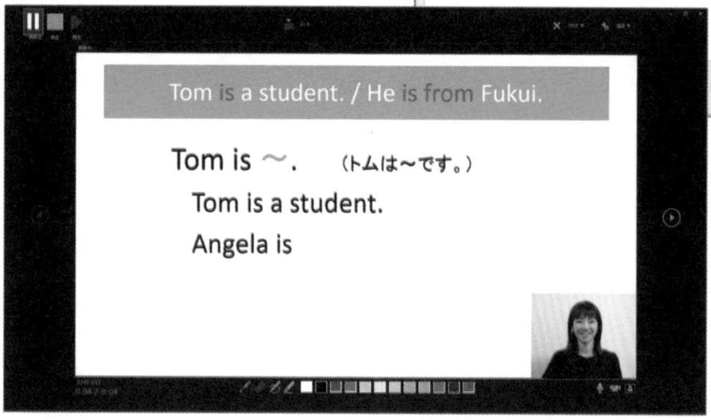

ヒント

1文字ずつ順に表示させるには

板書をしているように、1文字ずつ(英語ならばアルファベット1文字ずつ)表示させたい場合は、[テキストの動作]で**「文字単位」を指定**します。

英単語の綴りを示したい場合など、さまざまな目的に応じて選択できます。

ヒント

今回は英文を例にしましたが、日本語でも単語単位や文字単位での表示が可能です。国語などで黒板の板書の雰囲気を出したい場合などに最適です。

英文を表示させながら読み上げを実施
—アニメーションと効果音

［効果］のタブでは**［サウンド］からアニメーション効果と同時に再生できる音を選択**できます。たとえば、英文を「文字単位で表示」に設定して、［サウンド］から「タイプライター」を選択すると、タイプライターで1文字ずつ文字を打っているような効果を演出できます。

自分で用意した音声を再生することも可能なので、**英語の例文を表示させると同時に、英語の発音例などを再生させる**ことも可能になります。

❹ 会話の表示に合わせて、あらかじめ用意した音声を再生させることが可能

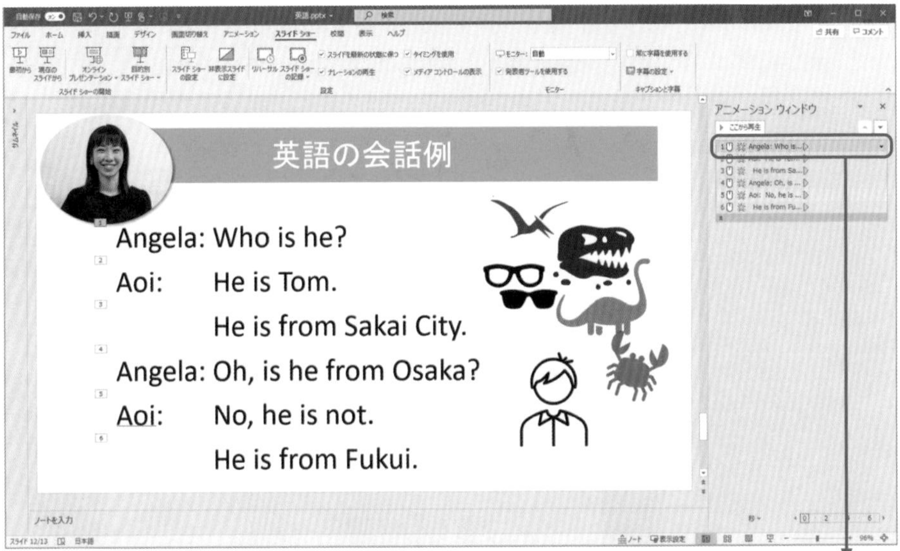

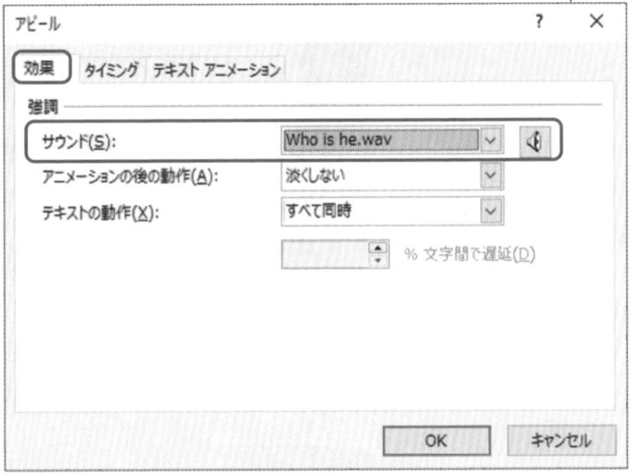

ヒント

音声を追加する方法

この例の場合、「wav」形式の音声しか取り込むことができません。「Who is he.wav」はPCのマイク機能を使い「Audacity」のような無料の音声編集ソフトで録音して取り込んでいます。

PowerPointへの音声の追加はこれ以外にもさまざまな方法があり、そちらのほうがより多くのファイル形式を取り扱うことができます。その方法については156ページからの「補足：音声の挿入に関する機能のまとめ」を参照してください。

4-3
ビデオ映像の上にテロップ（字幕）を表示させる

参照

スライドへのビデオ映像の挿入や、文字や図形の配置については第3章参照。

オブジェクトとしてスライド上に挿入したビデオ映像の上にも文字や図形を配置することができます。また、その文字にアニメーション効果を付けることも可能です

ここでは、スライドに挿入したビデオ映像の上に「テロップ（字幕）」として文字を表示させる3種類の方法を紹介します。

ヒント

「テロップ」とは、テレビの画面やYouTubeの動画などでよく見る表現で、映像とは別に表示される文字や図形などを指します。伝えたいことを強調して示すために使われます。

なお、「字幕」は映像の音声（解説や会話の内容）をそのまま文字で表したものです。

ここでは、両者をまとめて「テロップ」とします。

ビデオ映像の上に文字を重ねて表示させる（基本）

テロップとしたい文字を入力して配置する

タイトルの文字などをビデオ映像の上に重ねて表示させたり、下のほうにテロップとして表示させたい場合は、**［挿入］タブをクリックし［図形］のメニューから［テキストボックス］を選択して挿入し、その中に文字を入力**します。

メモ

サンプルファイルと解説動画をダウンロードで提供しています。詳しくは165ページ参照。

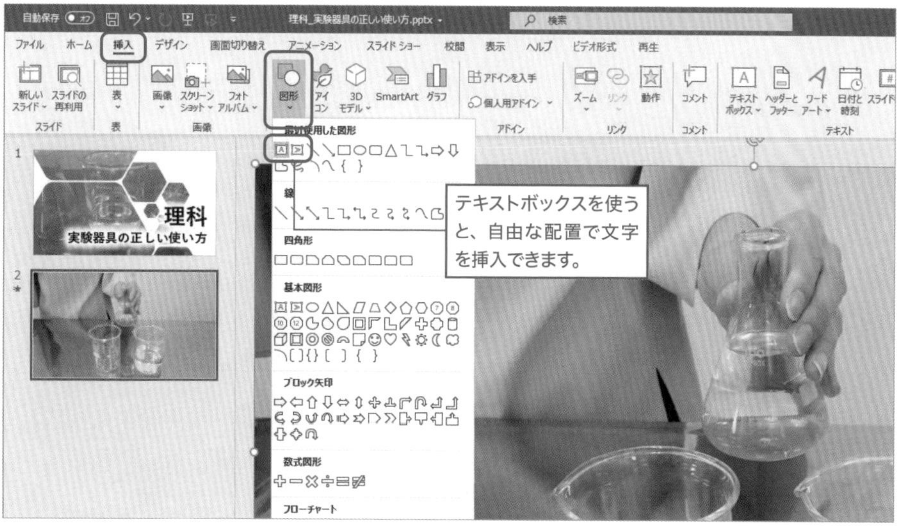

この例では、理科の実験で、実験器具の使い方を説明しているビデオ映像に合わせて、文字による説明を挿入しています。テキストボックスを配置して、「**三角フラスコからビーカーに液体１００mLを注ぎます。**」と入力しました。

文字の大きさ、フォントの種類、配置場所などを調整して、ビデオ映像上に重なるように配置します。

参照
［ビデオを作成］で動画として保存する方法の詳細は第2章42ページを参照。

メモ

このまま、［ファイル］メニューの［エクスポート］から［ビデオの作成］を実行すると、ビデオ映像に文字を表示させた動画を作成することができます。

挿入した文字が読みやすくなるように調整する

このままでは文字が背景のビデオ映像に重なって読みづらいため、テキストボックスの塗りつぶしの色を「白」にして、文字を読みやすくしてみます。

対象となるテキストボックスを右クリックして、メニューから**［図形の書式設定］**を指定します。右側に［図形の書式設定］のメニューが表示されるので、ここから設定します。

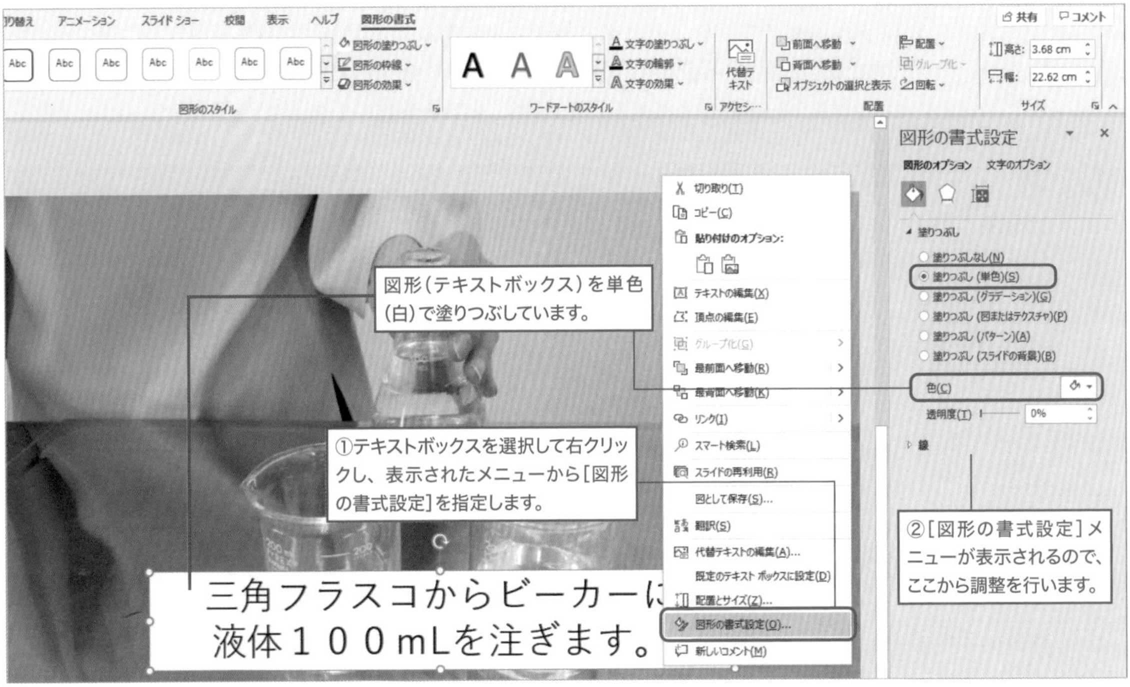

ただし、塗りつぶしを「白」にすると、今度は、重なっている部分だけビデオ映像が見えなくなるので、**透明度を調整して、映像が透けて見えるように調整**します。

[塗りつぶし]の項目から**[透明度]を数値で指定**することができます。この例ではテキストボックスの白の塗りつぶしを50%にしています。

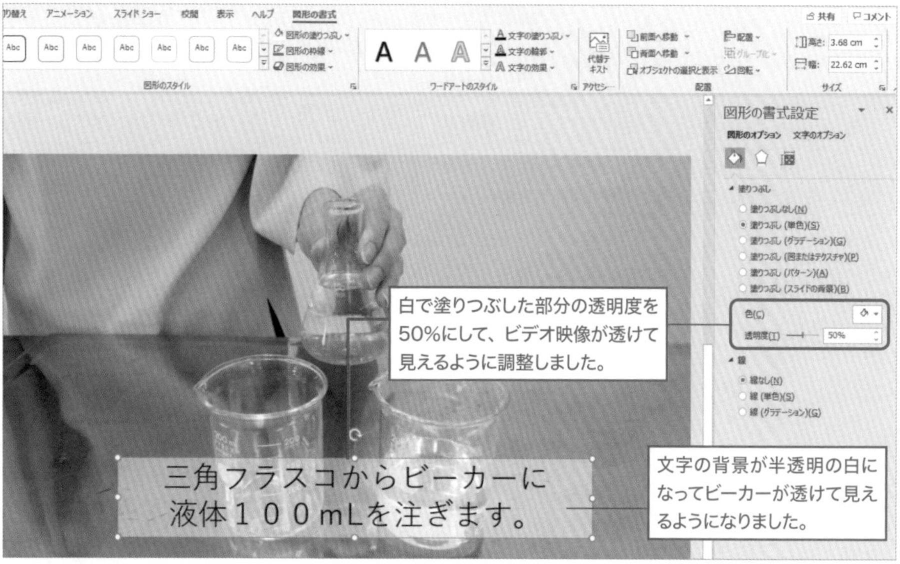

ヒント

テロップを読みやすくするためには、できるだけ映像の背景がシンプルな場所に配置します。また、ビデオ撮影時に文字が入ることを意識して撮影することで、作成がスムーズになります(76ページ参照)。

一定の時間だけテロップを出して、消したい場合

参照

ビデオのブックマーク機能については、第3章69ページ参照。

今回の例の場合、三角フラスコから液体を注いでいる間はテロップを消しておくと、邪魔になりません。そのような効果を演出したい場合には、**ビデオのブックマーク機能**を使います。特定の時間に**アニメーションのオン・オフを調整し、文字を自動的に表示させたり消したりする**ことができます。

[ブックマークの追加]でブックマークを設定する

あらかじめ、**テロップを表示させたい場所、消したい場所を「ブックマーク」として登録**しておきます。ビデオを再生させながら、ブックマークを設定したい場所で、**[再生]タブの[ブックマークの追加]をクリック**します。すると、ビデオ下部の進行状況バーに○印でブックマークが設定されます。

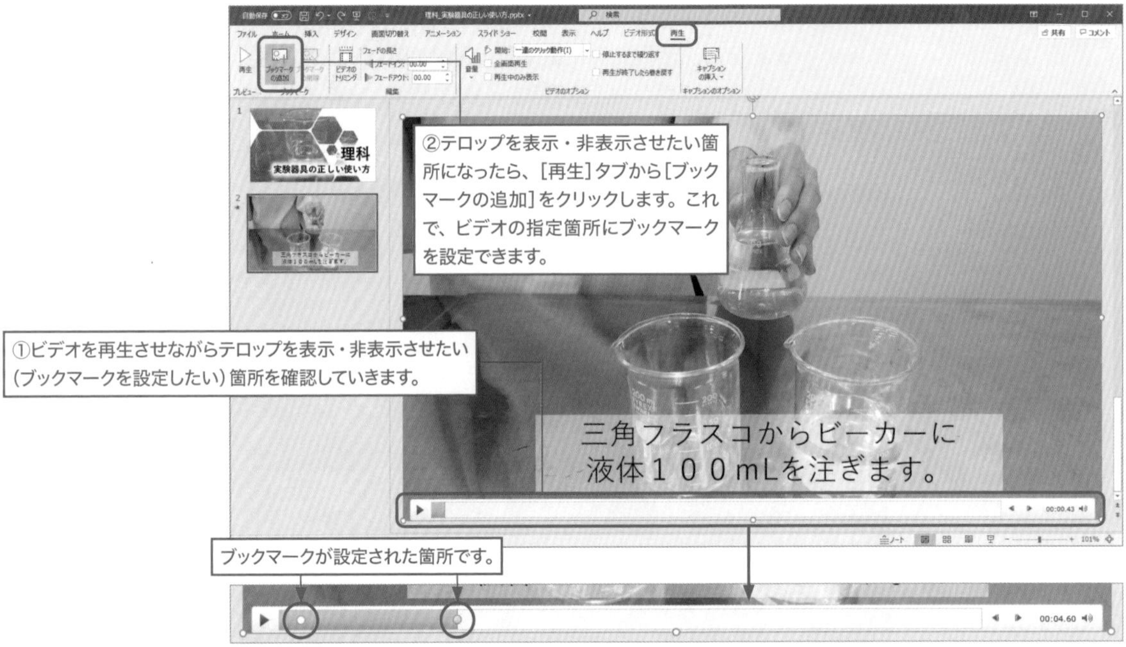
②テロップを表示・非表示させたい箇所になったら、[再生]タブから[ブックマークの追加]をクリックします。これで、ビデオの指定箇所にブックマークを設定できます。
①ビデオを再生させながらテロップを表示・非表示させたい(ブックマークを設定したい)箇所を確認していきます。
三角フラスコからビーカーに
液体１００mLを注ぎます。
ブックマークが設定された箇所です。

ヒント

一度指定したブックマークは移動させることができません。やり直す場合には、同じ［再生］タブから［ブックマークの削除］で該当するブックマークを削除してください。

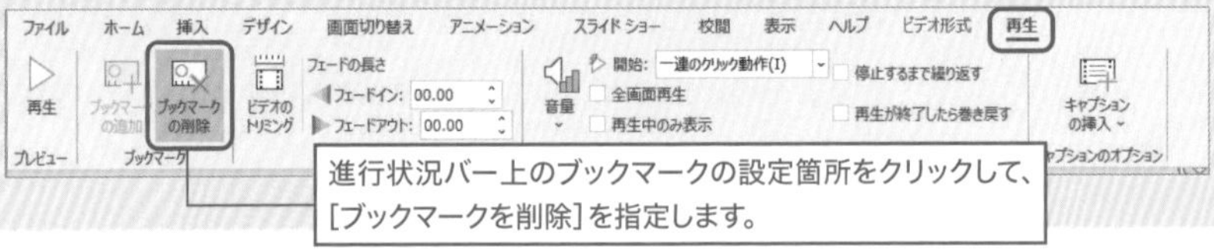
ファイル
ホーム
挿入
デザイン
画面切り替え
アニメーション
スライド ショー
校閲
表示
ヘルプ
ビデオ形式
再生
ブックマークの削除
進行状況バー上のブックマークの設定箇所をクリックして、[ブックマークを削除]を指定します。

ブックマークと表示されるテロップのタイミング

今回は、**2つのテロップを順に表示**させてみます。あらかじめ、2つのテキストボックスを挿入して文字を入力し、見やすく調整したのち、テロップを表示させたい場所に配置しておきます。そして、**3か所にブックマークを指定**しました。

- **1つめのブックマーク**　：「三角フラスコからビーカーに液体１００ｍＬを注ぎます。」というテロップを表示させます。
- **2つめのブックマーク**　：表示されたテロップがいったん消えるようにします。
- **3つめのブックマーク**　：「ビーカーに１００ｍＬ全てが注がれました。」というテロップを表示させます。

そして表示させたままビデオ終了、という流れです。

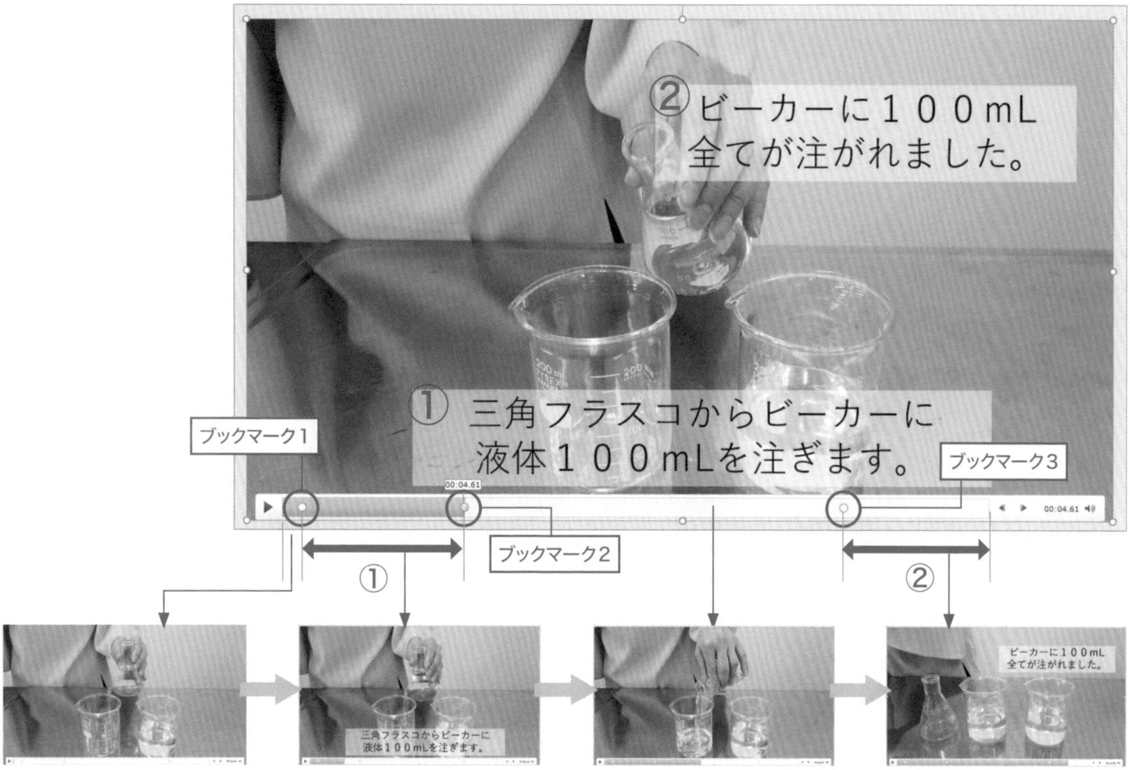
②ビーカーに１００mL
全てが注がれました。
①三角フラスコからビーカーに
液体１００mLを注ぎます。
ブックマーク1
00:04.61
ブックマーク2
ブックマーク3
①
②
三角フラスコからビーカーに
液体１００mLを注ぎます。
ビーカーに１００mL
全てが注がれました。

テロップの表示開始のタイミングを設定する

1 最初に表示させるテロップのテキストボックスを選択して、[アニメーション]タブから、指定したいアニメーション効果を選びます。ここでは「フェード」を選択しました。

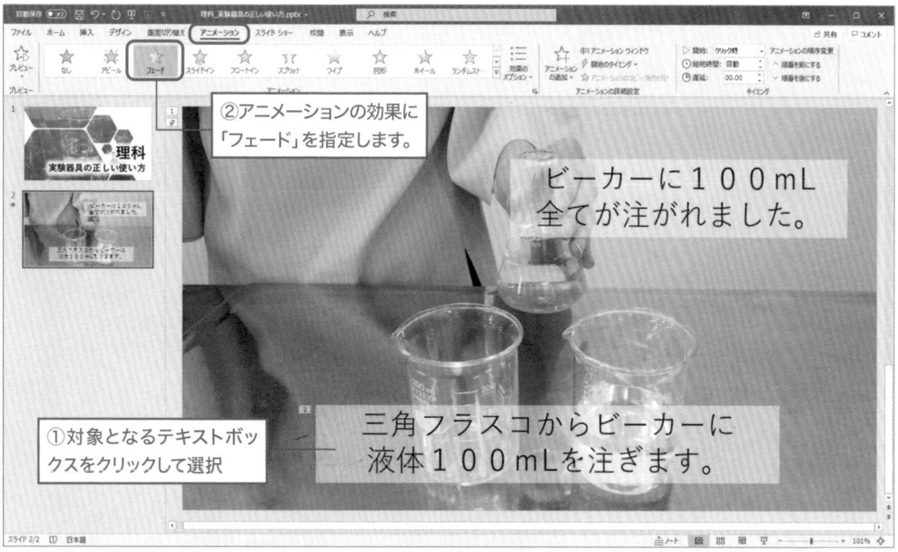
アニメーション
フェード
②アニメーションの効果に
「フェード」を指定します。
理科
実験器具の正しい使い方
ビーカーに１００mL
全てが注がれました。
三角フラスコからビーカーに
液体１００mLを注ぎます。
①対象となるテキストボッ
クスをクリックして選択

2 [アニメーション] タブの [アニメーションの詳細設定] から **[開始のタイミング]** をクリックします。

3 **[ブックマーク時]** を選ぶと、先ほど設定した3つのブックマークが「1～3」と表示されるので、**「ブックマーク1」を指定**します。

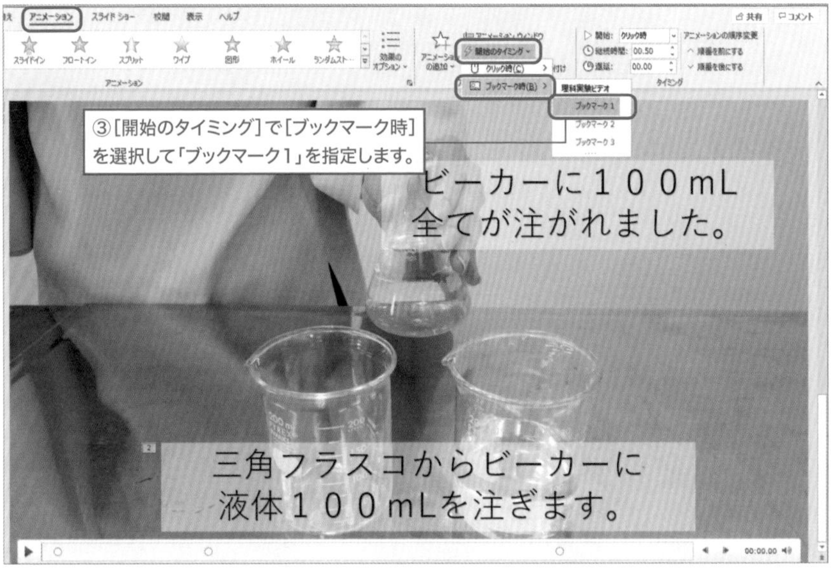

これで、「三角フラスコからビーカーに液体１００ｍＬを注ぎます。」というテロップが「ブックマーク1」のタイミングで表示されます。

テロップの表示終了のタイミングを設定する

今度は、**このテロップの表示を終了するタイミングを設定**します。

注意

[アニメーションの追加] を指定しないと、テロップが現れて消えるという順番になりません!

1 先ほど同様に、テキストボックスを選択して、[アニメーション] タブの [アニメーションの詳細設定] から **[アニメーションの追加]** を指定します。

2 [終了] の効果で、「フェード」を選択し、その後、同様に、**[開始のタイミング] – [ブックマーク時] – 「ブックマーク2」を指定**します。

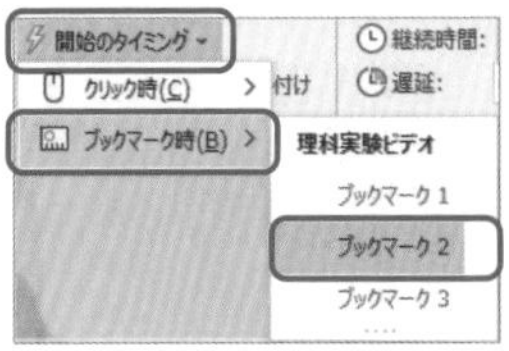

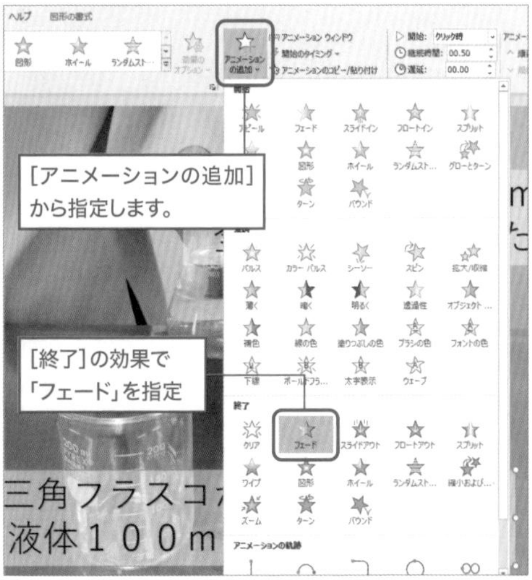

これで、「三角フラスコからビーカーに液体100mLを注ぎます。」という文字が、**「ブックマーク1」のタイミングでフェードで表示され、「ブックマーク2」のタイミングでフェードで消える**ような設定ができました。

以下、同様に、2つめのテロップにもアニメーション効果を設定し、**[開始のタイミング]で「ブックマーク3」を指定**します。これで、1つめのテロップが現れて消えて、次に2つめのテロップが現れるという効果を設定することができました。

◆ [アニメーションウィンドウ]を開いて、タイミングを確認

アニメーション ウィンドウ
ここから再生
開始のタイミング：理科実験ビデオ
開始のタイミング：理科実験ビデオ・ブックマーク1
開始のタイミング：理科実験ビデオ・ブックマーク2
開始のタイミング：理科実験ビデオ・ブックマーク3
ビーカーに１００mL
全てが注がれました。
三角フラスコからビーカーに
液体１００mLを注ぎます。
[アニメーションウィンドウ]を表示させて、それぞれの文字の表示・非表示のアニメーション設定がどうなっているかを確認できます。

メモ

設定が終わったら[プレビュー] で再生して確認してみましょう。

ビデオ映像を見ながら自分のタイミングで表示させる

前項で解説したブックマークの設定が面倒であったり、うまくいかない場合には、**「スライドショーの記録」を活用して、自由なタイミングで指定**する方法があります。

たとえば、ビデオ映像を見ながらさらに解説を加えているような場合、**自分の解説のタイミングで簡単にテロップを表示させることができるのでおすすめ**です。

前項と同じ効果を、「スライドショーの記録」の方法で設定してみましょう。前項と同様に、**表示させたい文字をあらかじめテキストボックスで配置**しておきます。これらのオブジェクトに、表示させる順番でアニメーション効果を設定していきます。

1 スライドに挿入したビデオ映像を選択して、[アニメーション]タブから「再生」の効果を指定します。

2 次に、「三角フラスコからビーカーに液体１００ｍＬを注ぎます。」のテロップのテキストボックスを選択して、[開始]のアニメーション効果で「フェード」を指定します。

3 その後、そのまま[アニメーションの追加]を選択して、[終了]のアニメーション効果で「フェード（赤色）」を指定します。

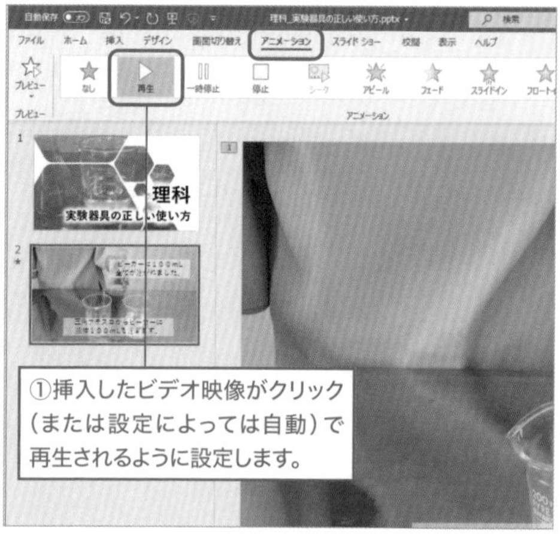
理科
実験器具の正しい使い方
①挿入したビデオ映像がクリック（または設定によっては自動）で再生されるように設定します。

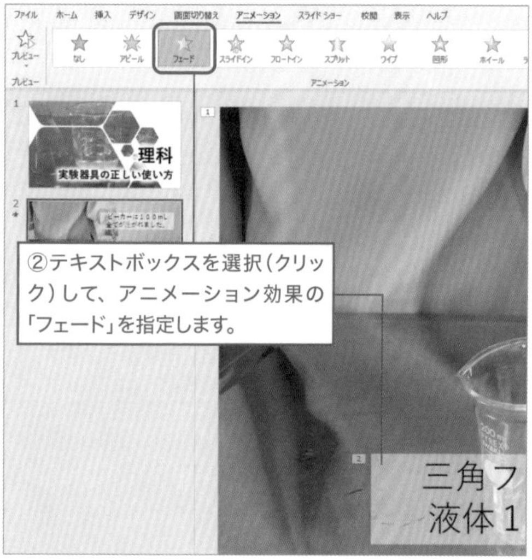
理科
実験器具の正しい使い方
②テキストボックスを選択（クリック）して、アニメーション効果の「フェード」を指定します。
三角フ
液体１

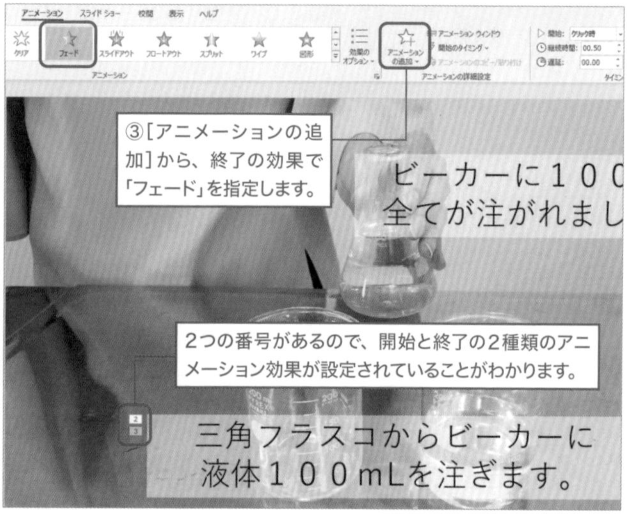
③[アニメーションの追加]から、終了の効果で「フェード」を指定します。
ビーカーに１０
全てが注がれまし
2つの番号があるので、開始と終了の2種類のアニメーション効果が設定されていることがわかります。
三角フラスコからビーカーに
液体１００mLを注ぎます。

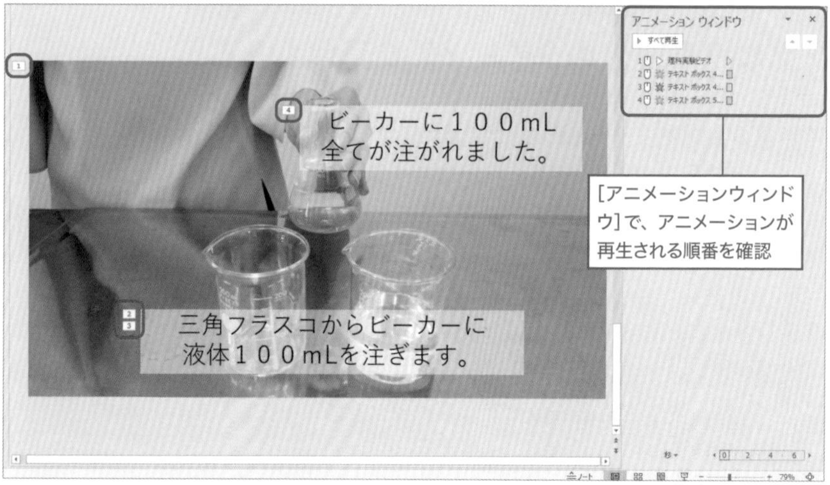
アニメーション ウィンドウ
すべて再生
ビーカーに１００mL
全てが注がれました。
[アニメーションウィンドウ]で、アニメーションが再生される順番を確認
三角フラスコからビーカーに
液体１００mLを注ぎます。

4 最後に、「ビーカーに１００ｍＬ全てが注がれました。」のテキストボックスを選択して、開始のアニメーション効果「フェード」を指定します。

[アニメーションウィンドウ]を表示させて確認すると、4つのアニメーションがクリックした順番に実行されることがわかります。

これで、下準備は完了です。ここから、**[スライドショー]タブから[スライドショーの記録]で文字が表示されるタイミングを記録**していきます。

メモ

アニメーション効果を次々と実行していく場合には、マウスでクリックするより、キーボードのカーソルキー（矢印キー）を押していくほうがタイミングが取りやすいのでおすすめです。

「スライドショーの記録」画面から[記録]ボタンをクリックして、**ビデオ映像が再生されるタイミングで、アニメーション効果を順番に実行**していくだけで、そのタイミングでテロップの表示、非表示がすべて記録されていきます。

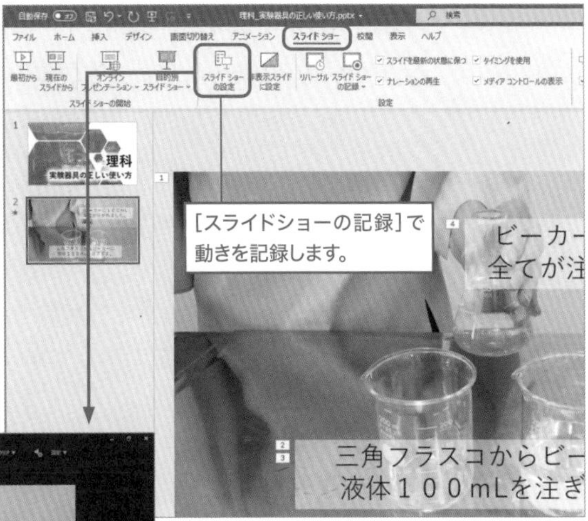
ファイル ホーム 挿入 デザイン 画面切り替え アニメーション スライド ショー 校閲 表示 ヘルプ
理科
実験器具の正しい使い方
[スライドショーの記録]で
動きを記録します。
ビーカー
全てが注
三角フラスコからビー
液体１００mLを注ぎ

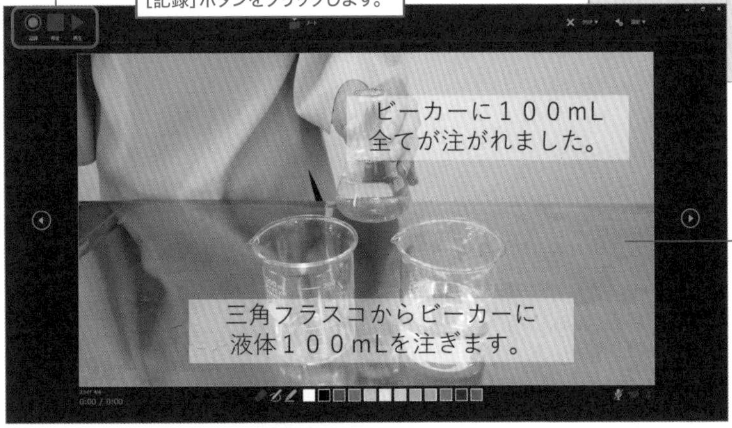
「スライドショーの記録」画面から
[記録]ボタンをクリックします。
ビーカーに１００mL
全てが注がれました。
三角フラスコからビーカーに
液体１００mLを注ぎます。

ビデオ映像が再生されるタイミングで、アニメーション効果を順番に実行していくだけで、そのタイミングでテロップの表示、非表示がすべて記録されていきます。

! 注意

第3章でも説明しましたが、挿入したビデオ映像を記録する場合には、スピーカーから再生された音声がマイクで再び記録されてしまい（音声ループ）、エコーのような不具合が起きることがあります。それを防止するためには、ヘッドフォンを差してコンピューターから音声が出ないようにしておくか、音の記録をオフにしておくといいでしょう。

参照

ビデオ映像の中で、注目させたい場面に矢印を一定時間だけ表示させた例と設定方法については、第3章の69ページ参照。

この節では、テロップ（字幕）の表示のさせ方を3種類紹介しました。これらを応用して、テキストボックスで配置した文字だけでなく、写真や図形（矢印や吹き出しなど）もビデオ映像の中に任意のタイミングで表示させることもできます。**カラオケのように歌にあわせて歌詞を表示させる**というような表現も可能なので、アイデア次第で幅広く応用できます。ぜひご活用ください。

4-4 動きのある図の表現とアイディア（描画と変形）

乗り物や人物のイラストを動かして距離などを示す

> **メモ**
> このサンプルで使用している列車のイラストは筆者が図形を組み合わせて作成したものです。

> **メモ**
> 軌跡の始点と終点は、Shift キーを押しながらドラッグすると、水平のまま調整することができます。

数学（算数）の文章問題等で距離や時刻を求める問題の解説を、アニメーションの「軌跡」などの効果を活用して作成する例を紹介します。アニメーションにより、視覚的に理解を深められるスライド作成ができます。

❶ 最初に、動かしたいオブジェクト（電車）をクリックして［アニメーション］タブから「直線」を指定します。

❷ **［効果のオプション］**から「直線（右へ）」を選択すると、オブジェクト上に軌跡（始点が緑色、終点が赤色の直線）が表示されます。この軌跡を、列車が**スタートする地点（緑）から終点の場所（赤）までマウスでドラッグ**して調整します。

また、［タイミング］の**［継続時間］を調整**することで、列車を速く走らせたり、ゆっくり走らせたりすることができます。

> **メモ**
> サンプルファイルと解説動画をダウンロードで提供しています。詳しくは165ページ参照。

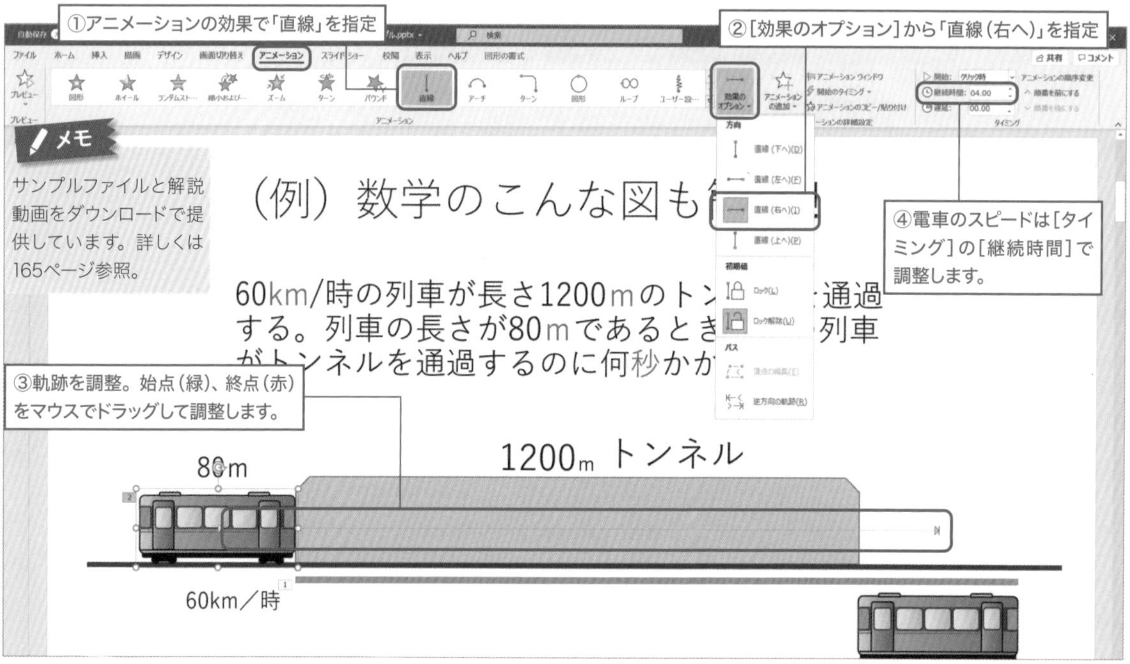

①アニメーションの効果で「直線」を指定
②［効果のオプション］から「直線（右へ）」を指定
③軌跡を調整。始点（緑）、終点（赤）をマウスでドラッグして調整します。
④電車のスピードは［タイミング］の［継続時間］で調整します。
（例）数学のこんな図も
80m
1200m トンネル
60km／時

トンネルを通過するときの列車の走行距離が、トンネルの長さ（1200m）ではなく、列車の長さ（80m）＋トンネルの長さ（1200m）であることがアニメーションで視覚的に理解できます。

自由に軌跡を設定するには「ユーザー設定」

前項では電車を「直線」の軌跡で動かしましたが、▾（その他）をクリックして、**[その他のアニメーションの軌跡効果]** を選ぶと、さまざまな軌跡を簡単に指定することができます。

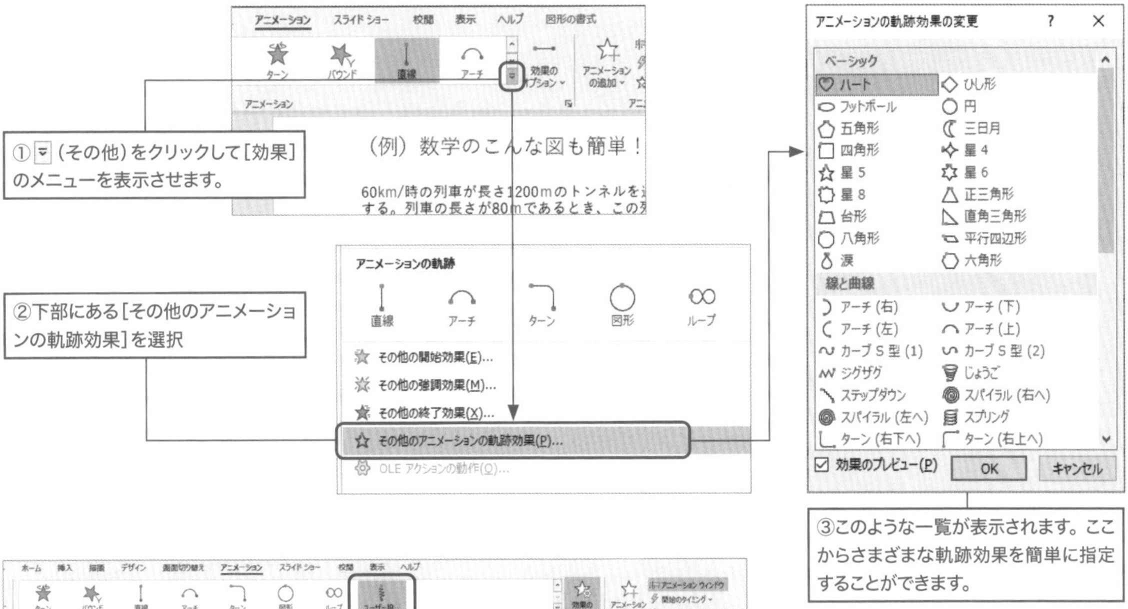

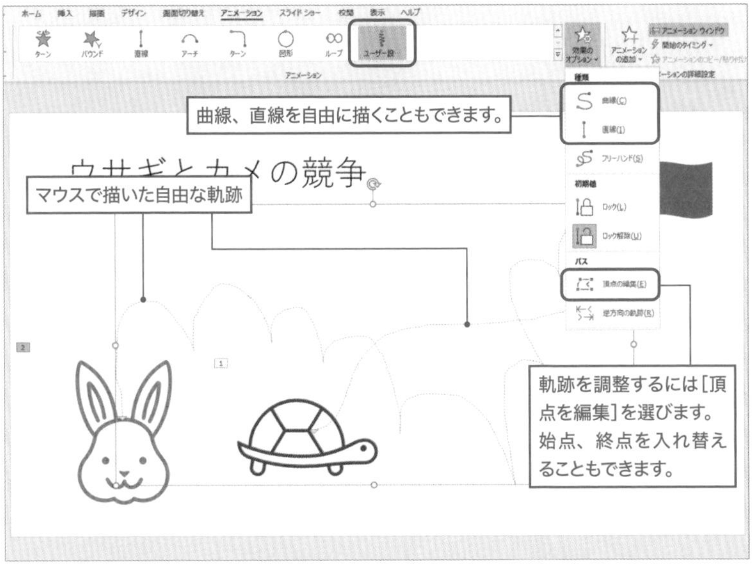

さらに、アニメーションの軌跡で **[ユーザー設定]** を指定すると、マウスで自由に描画して軌跡を描くことができます。描いた軌跡のとおりに指定したオブジェクトが動きます。

また、**[効果のオプション]** から「曲線」「直線」「フリーハンド」を選ぶことができ、**描いた軌跡を[頂点の編集]で修正**することも可能です。

グラフにアニメーション効果を追加する

アニメーション効果は文字や図形だけでなく、スライド上にあるさまざまなオブジェクトに適用できます。特に、グラフでは、項目別に表示させたり、時系列で表示させたりとさまざまなパターンでアニメーション効果を指定できるので、**時間によって変化するようなグラフを説明する場合に効果的**です。

グラフにアニメーション効果を設定したい場合は、通常のオブジェクト同様に、対象となるグラフエリアを選択して[アニメーション]タブをクリックし、適用したいアニメーション効果を指定します。

棒グラフの例

下の例では縦の棒グラフに「ワイプ」を指定してみました。次に[効果のオプション]を選択します。

メモ

サンプルファイルと解説動画をダウンロードで提供しています。詳しくは165ページ参照。

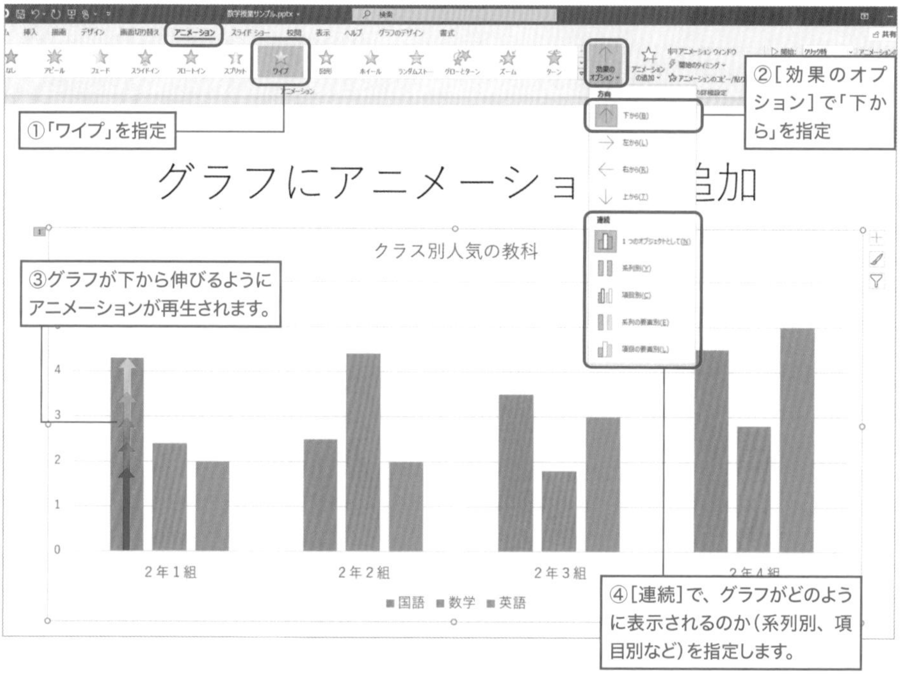
①「ワイプ」を指定
②[効果のオプション]で「下から」を指定
③グラフが下から伸びるようにアニメーションが再生されます。
クラス別人気の教科
2年1組
2年2組
2年3組
■国語 ■数学 ■英語
④[連続]で、グラフがどのように表示されるのか(系列別、項目別など)を指定します。

このアニメーション効果では2つの項目をオプションとして指定できます。

[方向]はグラフがどちらの方向から表示されてくるのかです。この例では縦型の棒グラウなので「下から」を選択しました。そうすることで、棒グラフは下から上に伸びていくような効果で表示させることができます。

[連続]のオプションでは、グラフの表示のさせ方を指定できます。

「1つのオブジェクトとして」を指定すると、グラフ全体が一度にすべて表示されます（下から上へ）。

「1つのオブジェクトとして」を指定

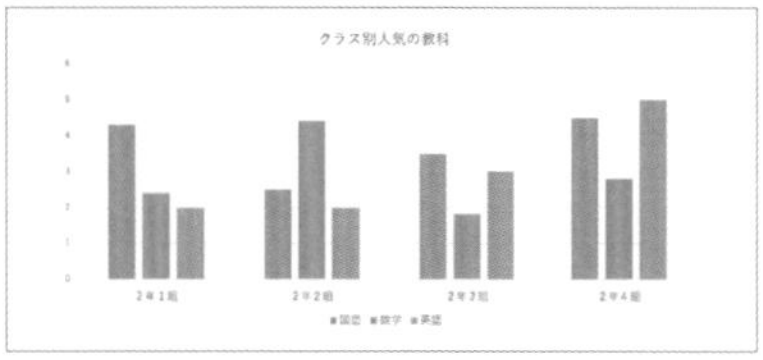

「系列別」を指定すると、同じ系列のデータが同時に表示されます。この例では、国語（青）→数学（オレンジ）→英語（グレー）の順で、順番に表示されます。

系列別

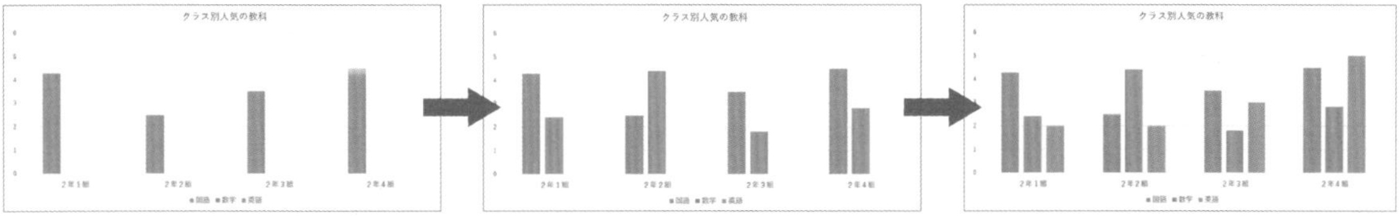

「項目別」では、同じ項目のデータが同時に表示されます。この例では、2年1組のデータがすべて表示され、次に、2年2組、3組、4組という順番で続きます。

項目別

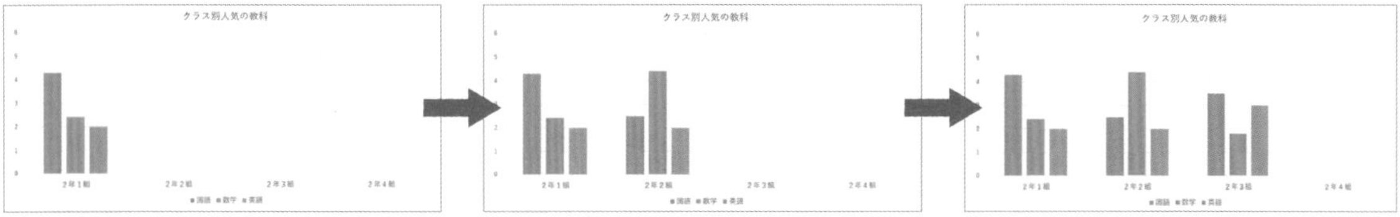

「系列の要素別」では、各系列のデータが同時ではなく1つずつ順に表示されます。

系列の要素別

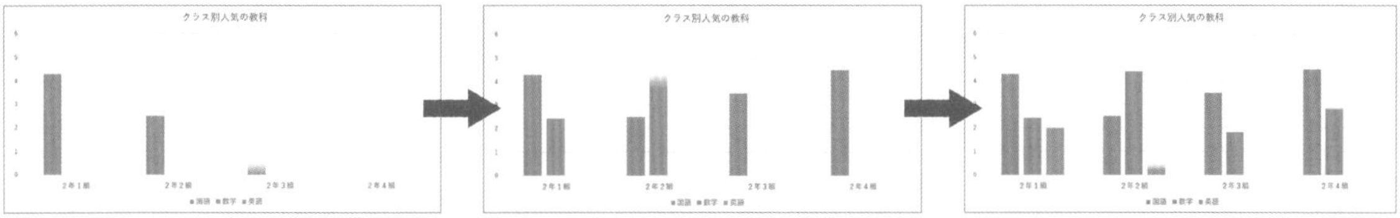

「項目の要素別」を指定すると、項目ごとにデータが1つずつ順に表示されます。

項目の要素別

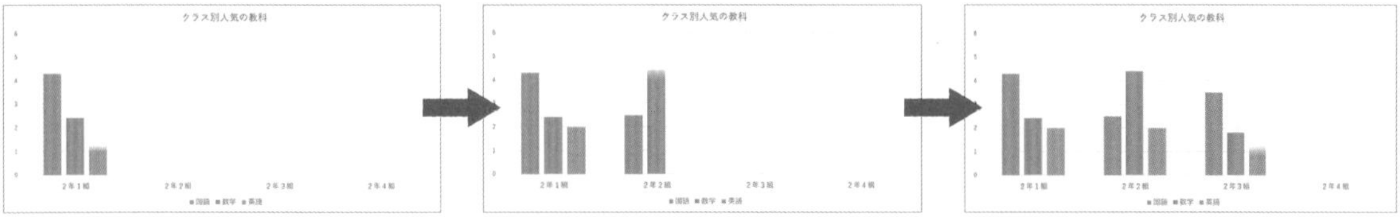

折れ線グラフの例

折れ線グラフの場合は、同様に［アニメーション］タブから「ワイプ」を指定し、［効果のオプション］の［方向］で「左から」を指定します。そうすると、**折れ線グラフが左から右へと時系列で表示される**ような効果がつけられます。

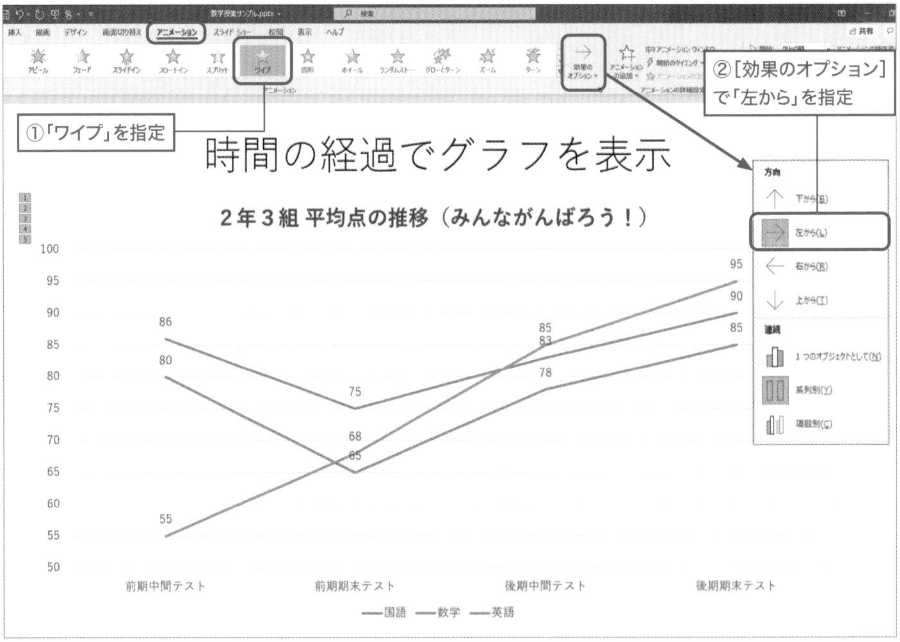

棒グラフと同様に、［効果のオプション］の［連続］で、「系列別」、「項目別」を指定した場合、次のように表示されます。

➋ 系列別

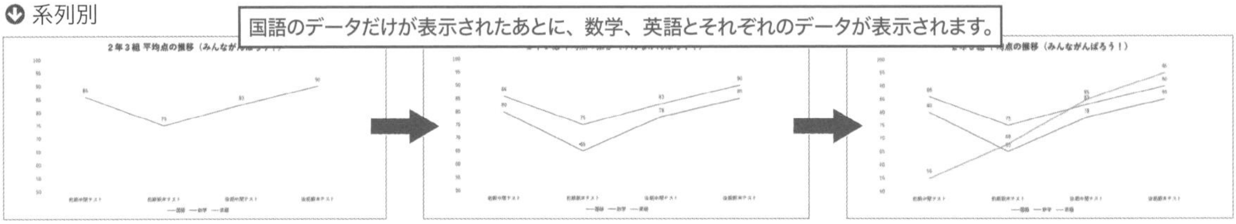

国語のデータだけが表示されたあとに、数学、英語とそれぞれのデータが表示されます。

➋ 項目別

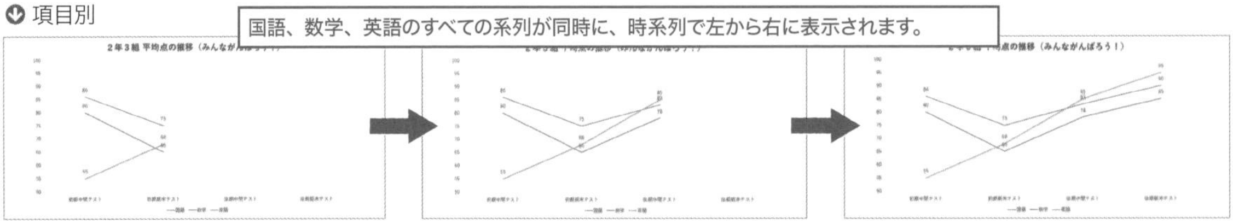

カウントダウンのアニメーションを作ってみよう
—オブジェクトを任意のタイミングで表示

特定の文字や図などを任意のタイミングで表示させたい場合の例を、カウントダウンのアニメーションで説明します。**カウントダウンをアニメーションで表現**するにはさまざまな方法がありますが、今回は複数の番号が書かれた図形を重ねて表示させる方法を一例として紹介します。

メモ

サンプルファイルと解説動画をダウンロードで提供しています。詳しくは165ページ参照。

1 5、4、3、2、1、0と表示された円のオブジェクトを用意します。今回の例では、0に近づくごとに色が赤くなるように変えてみました。

ヒント

円のオブジェクトは、[挿入]タブをクリックし、[図形]から「楕円」を選んで描きます。Shift キーを押しながらマウスをドラッグすると真円を描くことができます。描いた円を右クリックして［テキストの追加］を選択して数字を入力したら、文字や円の大きさや色を調整します。1つ作ったら、それを複製(コピー)すると簡単です。

メモ

［アニメーションウィンドウ］を表示させておくと、アニメーション効果の順序等が視覚的に確認できるので便利です。

2 すべてのオブジェクトを選択して、[アニメーション]タブを選び、「ズーム」の効果を指定します。

3 [タイミング]の[開始]で、**2番目以降を「直前の動作の後」**にします。また、**[継続時間]は1秒**になるように設定します(この設定が、カウントダウンのスピードになります)。

4 この状態で[アニメーションウィンドウ]の[すべて再生]をクリックして実際の動きを確認します。5、4、3、2、1、0の順に数字のオブジェクトが表示されていればOKです。

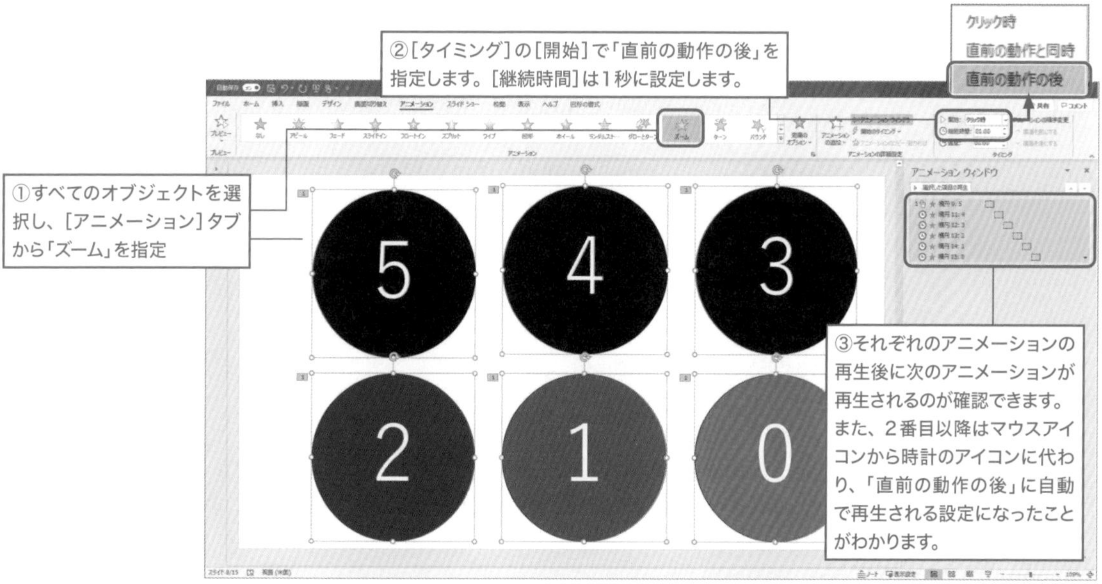
クリック時
直前の動作と同時
直前の動作の後
②[タイミング]の[開始]で「直前の動作の後」を指定します。[継続時間]は1秒に設定します。
①すべてのオブジェクトを選択し、[アニメーション]タブから「ズーム」を指定
5
4
3
2
1
0
③それぞれのアニメーションの再生後に次のアニメーションが再生されるのが確認できます。また、2番目以降はマウスアイコンから時計のアイコンに代わり、「直前の動作の後」に自動で再生される設定になったことがわかります。

5 最後は、この6つのオブジェクトを順番に5から数字が小さくなるように上に重ねていきます。

マウスでドラッグして手動で揃えることも可能ですが、この5～0の6つのオブジェクトをすべて選択した状態で、**[ホーム]タブから[配置]－[オブジェクトの配置]を選択し、「左右中央揃え」「上下中央揃え」を順に指定**すると、自動的にきれいに重なります。

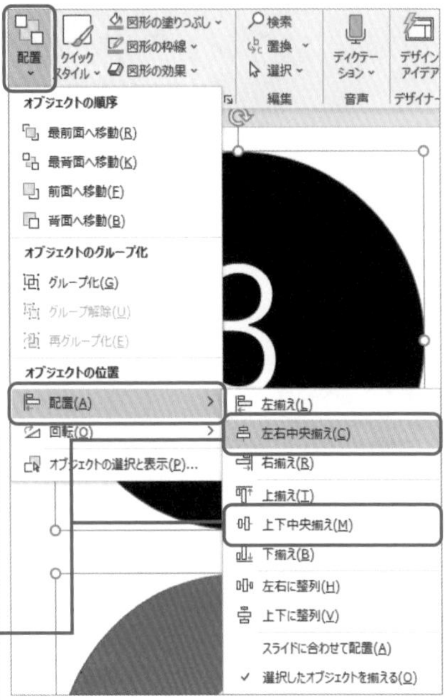

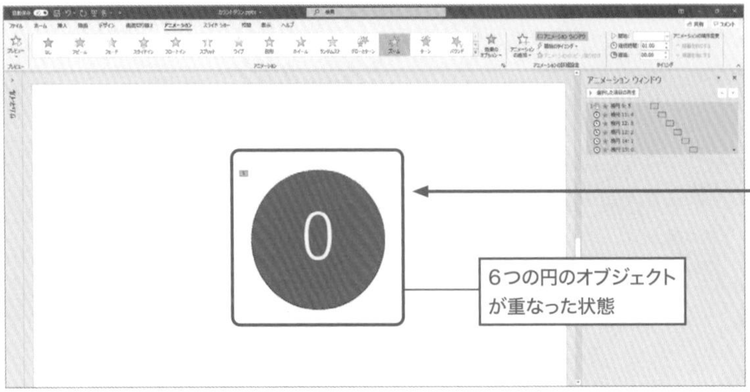

この状態でアニメーションを再生すると、5、4、3、2、1、0と円の色が徐々に赤くなりながらカウントダウンが始まります。

クイズ形式でカッコ内に解答を表示する

授業の終了後、簡単なミニテストを実施することがあるでしょう。カッコに語句を入れるような形式でテストを作成する場合もあると思います。そのような形式の解説もPowerPointのアニメーション効果を使うと簡単に実現できます。**クイズ形式でカッコ内に解答を表示させる**方法は、アニメーションを使う方法と、画面切り替えを使う方法があります。

アニメーションを使う方法

1 穴埋め問題を表示して、解説しながら解答をカッコ内に表示させるには、あらかじめ、**「テキストボックス」に解答を入れて用意**しておきます。

メモ

サンプルファイルと解説動画をダウンロードで提供しています。詳しくは165ページ参照。

2 解答が書かれた「テキストボックス」を選択して**[アニメーション]タブを選び、「アピール」や「フェード」等のその場で表示される効果を指定**します。表示される順番などを調整して完成です。

アニメーションを使った場合、カッコごとに表示させたり、表示させる順番を指定することができるのがメリットです。

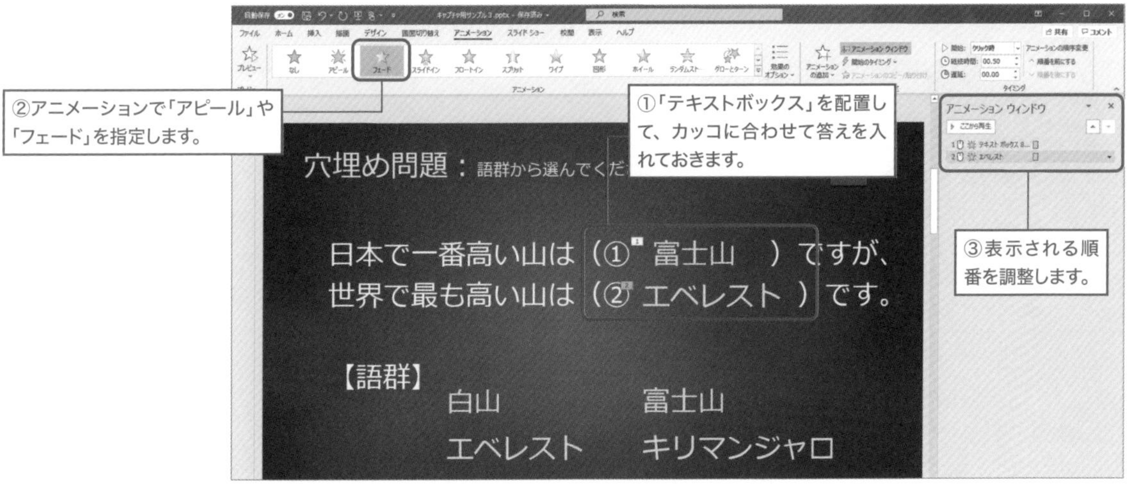
②アニメーションで「アピール」や「フェード」を指定します。
①「テキストボックス」を配置して、カッコに合わせて答えを入れておきます。
③表示される順番を調整します。
アニメーション ウィンドウ
穴埋め問題：語群から選んでくだ
日本で一番高い山は（①富士山　）ですが、
世界で最も高い山は（②エベレスト）です。
【語群】
白山　富士山
エベレスト　キリマンジャロ

画面切り替えを使う方法

1 **カッコに答えがないスライドを作成**したら、**スライドを複製**（コピー）します。

2 複製したスライド（あとで表示されるスライド）の**カッコ部分にテキストボックスで解答を作成**します。

3 **画面切り替えの効果を指定**します。画面切り替えの効果は「なし」「フェード」などの画面レイアウトが大きく変動しないものを選ぶと自然に答えだけが表示されるように見えます。

4 画面を次のスライドに切り替えると、カッコ内の解答部分が追加されたスライドに切り替わるので、答えが表示されたように見えます。

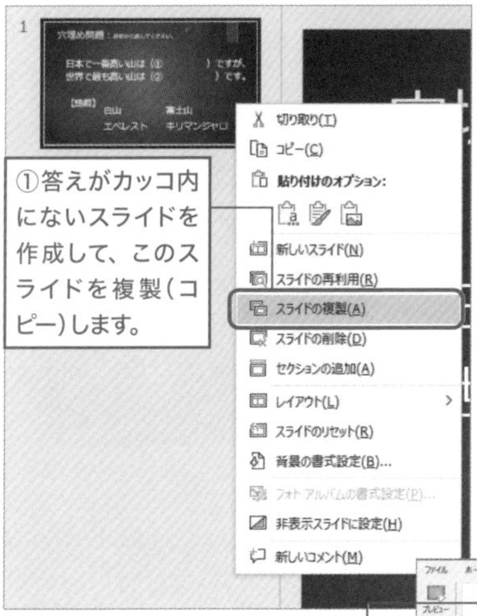
①答えがカッコ内にないスライドを作成して、このスライドを複製（コピー）します。
切り取り(T)
コピー(C)
貼り付けのオプション:
新しいスライド(N)
スライドの再利用(R)
スライドの複製(A)
スライドの削除(D)
セクションの追加(A)
レイアウト(L)
スライドのリセット(R)
背景の書式設定(B)...
フォト アルバムの書式設定(P)...
非表示スライドに設定(H)
新しいコメント(M)

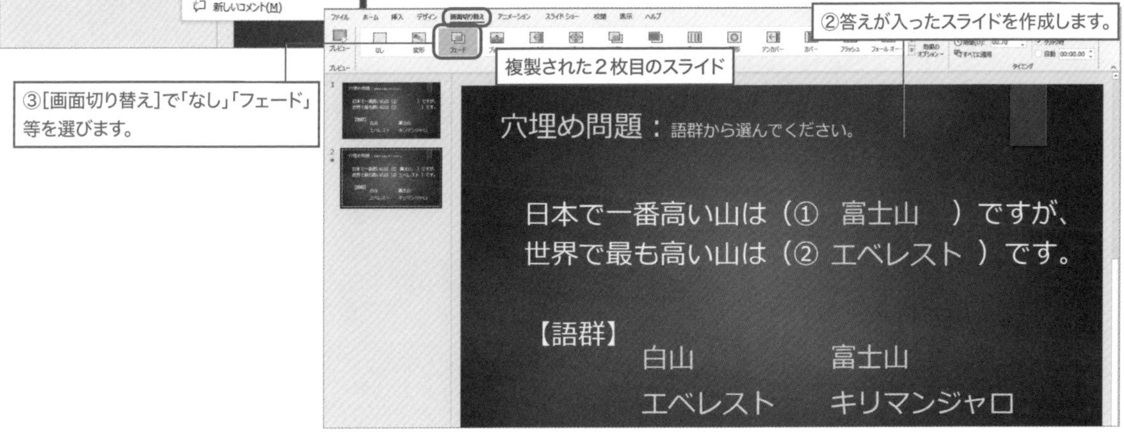
③[画面切り替え]で「なし」「フェード」等を選びます。
②答えが入ったスライドを作成します。
複製された2枚目のスライド
穴埋め問題：語群から選んでください。
日本で一番高い山は（①　富士山　）ですが、
世界で最も高い山は（②エベレスト）です。
【語群】
白山　富士山
エベレスト　キリマンジャロ

メモ

画面切り替えの「変形」は、Office2019とMicrosoft 365にしかない効果です。

画面切り替えの効果で「変形」を使う

画面切り替えの**「変形」**を使うと、語群から正解が選択されて、カッコに移動するようなダイナミックな視覚効果を演出することもできます。

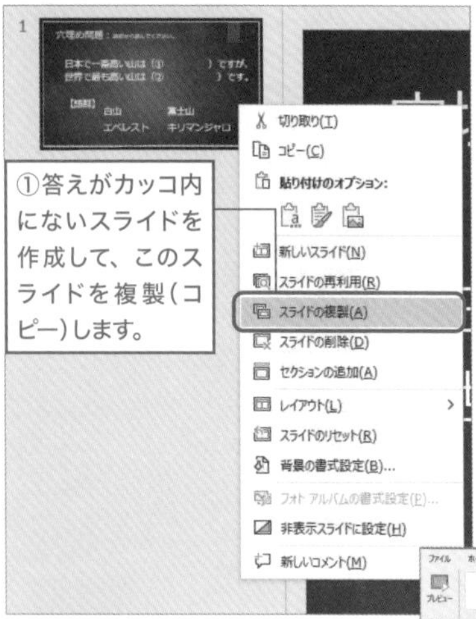

①答えがカッコ内にないスライドを作成して、このスライドを複製（コピー）します。
切り取り(T)
コピー(C)
貼り付けのオプション:
新しいスライド(N)
スライドの再利用(R)
スライドの複製(A)
スライドの削除(D)
セクションの追加(A)
レイアウト(L)
スライドのリセット(R)
背景の書式設定(B)...
フォト アルバムの書式設定(P)...
非表示スライドに設定(H)
新しいコメント(M)

1 カッコに答えがないスライドを作成したら、スライドを複製（コピー）します。

2 複製したスライド（あとで表示されるスライド）に、語群のテキストボックスをカッコ内に移動させて正解となる答えを配置します。この場合、新たにテキストボックスを作るのではなく、**語群のテキストボックスを移動させて解答を配置**してください。

3 **［画面切り替え］で「変形」を指定**します。

4 画面を切り替えたときに、「富士山」「エベレスト」の文字が語群から移動してカッコに収まるようなアニメーションが再生されます。

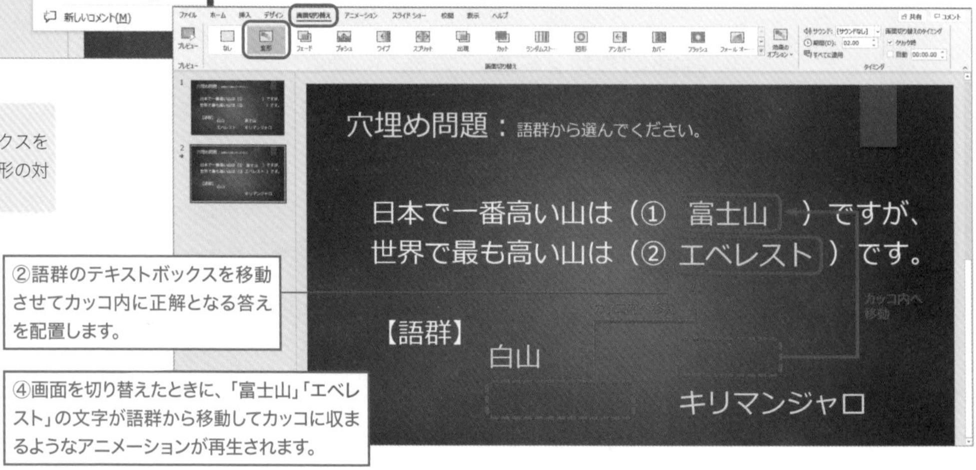

画面切り替え
変形
穴埋め問題：語群から選んでください。
日本で一番高い山は（① 富士山 ）ですが、
世界で最も高い山は（② エベレスト ）です。
【語群】
白山
キリマンジャロ
②語群のテキストボックスを移動させてカッコ内に正解となる答えを配置します。
④画面を切り替えたときに、「富士山」「エベレスト」の文字が語群から移動してカッコに収まるようなアニメーションが再生されます。

注意

同じテキストボックスを使った場合だけ変形の対象になります。

注意

「画面切り替え」で答えの表示と解説を行う場合、これらを動画として記録する場合には、約1秒程度の切り替え時間が必要で、**画面切り替えの効果中は音声は録音されません。**

通常のプレゼンテーションで活用する場合には手軽で便利ですが、動画作成のために「スライドショーの記録」（第2章参照）をする場合には、画面切り替えの効果中は解説をいったん止める等の注意が必要です。

クイズ形式で選択問題の正解を強調して示す

選択問題で正解を示す簡単な方法を説明します。

メモ
図形に文字を入れるには、描いた図形を右クリックして［テキストの追加］を選択します。

1 選択肢の正解の場所に、［挿入］タブの［図形］から四角形等のオブジェクトを挿入します。この例では、「四角形：角を丸くする」を挿入して、赤で塗りつぶし、「正解」という文字を追加しました。

正解

このような四角形の図形を描いて、「正解」の文字を入れました。

メモ
文字の背面にオブジェクトを配置するには、図形を右クリックして［最背面に移動］や［背面に移動］を選択します。

2 1で用意したオブジェクトを、正解の選択肢「③ワシントンDC」の背面に配置します。

3 配置したオブジェクトを選択して、［アニメーション］タブの「アピール」または「フェード」など、その場所で再生されるアニメーション効果を指定します。

クリックすると、「正解」の文字と赤い帯が表示されて、「③ワシントンDC」が正解の選択肢であることを示すことができます。

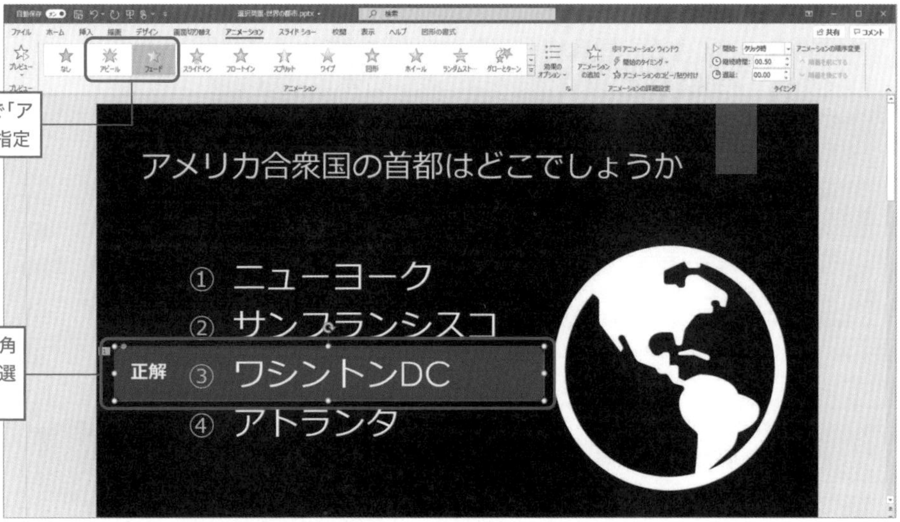
アメリカ合衆国の首都はどこでしょうか
① ニューヨーク
② サンフランシスコ
正解
③ ワシントンDC
④ アトランタ

②［アニメーション］タブで「アピール」または「フェード」を指定

①「正解」の文字が入った四角形のオブジェクトを正解の選択肢の背面に配置します。

3Dモデルを回転させて立体的にオブジェクトを表現する

Office2019やMicrosoft365のPowerPointには「3Dモデル」の機能が追加され、スライドの中で立体的なオブジェクトを扱うことができるようになりました。3Dモデルを活用した授業動画・解説動画も簡単に作成することができます。

1 [挿入] タブにある [3Dモデル] をクリックすると、[オンライン3Dモデル] のメニューが表示されます。ここでは、[恐竜] のカテゴリーをクリックし、使いたい恐竜を選んでスライドに配置します。

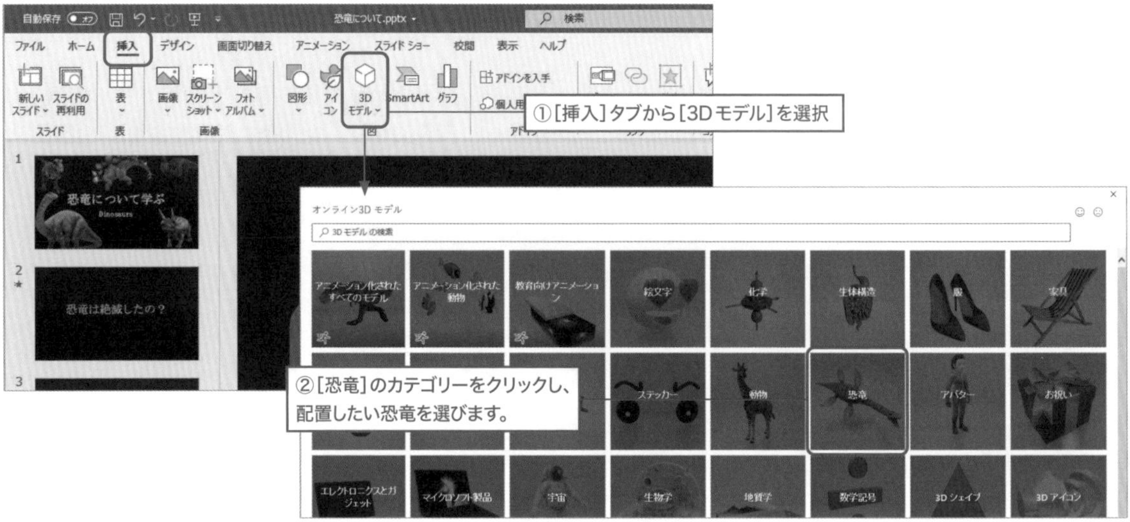
①[挿入]タブから[3Dモデル]を選択
②[恐竜]のカテゴリーをクリックし、配置したい恐竜を選びます。
オンライン3D モデル
恐竜について学ぶ
恐竜は絶滅したの？
恐竜

2 3Dモデルが挿入されると、上部リボンに **[3Dモデル] タブ**が表示されます。ここで3Dモデルの表示方法を調整することができます。

また、挿入した3Dモデルを選択すると、中央に **3Dコントロール**が表示されます。これをマウスで上下左右に動かして、3Dモデルを立体的に動かし、視聴者が理解しやすい見せ方をしながら解説することができます。

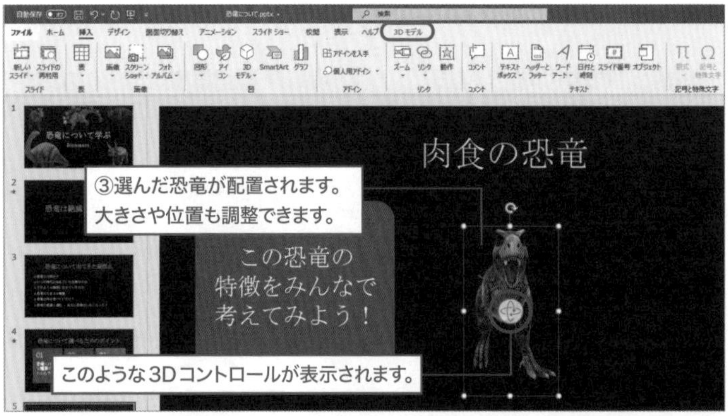
③選んだ恐竜が配置されます。
大きさや位置も調整できます。
このような3Dコントロールが表示されます。
肉食の恐竜
この恐竜の
特徴をみんなで
考えてみよう！

3Dモデルが表示される向きや
配置を調整することができます。
3Dコントロールをマウスで上下
左右に動かして、3Dモデルを
立体的に動かすことができます。
肉食の恐竜
この恐竜の
特徴をみんなで
考えてみよう！

3Dモデルを選択して［アニメーション］タブを選ぶと、3Dモデル用のアニメーション効果が追加されて表示されます。ここで**「ターンテーブル」**を選びます。「ターンテーブル」は**選択した3Dモデルが台の上で回転するアニメーション効果**なので、その形を前後左右で見せたい場合に有効です。

また、**［効果のオプション］で、回転する方向と回転数の指定ができます。**授業や解説動画の場合、話をしている間**ずっと回転させるためには「連続」を指定**するいいでしょう。次のスライドに移動するまで、指定した3Dモデルは連続して回転し続けます。

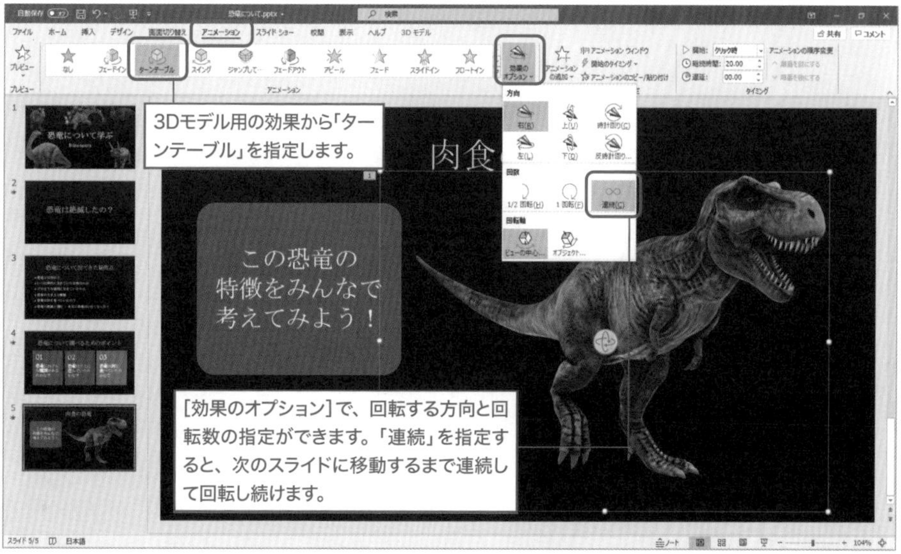
3Dモデル用の効果から「ターンテーブル」を指定します。
肉食
この恐竜の
特徴をみんなで
考えてみよう！
［効果のオプション］で、回転する方向と回転数の指定ができます。「連続」を指定すると、次のスライドに移動するまで連続して回転し続けます。

実際に、**［スライドショーの記録］で3Dモデルを回転させながら解説**します。恐竜の体が地面に対して水平に保たれている姿勢が回転することでよくわかります。このような解説も、3Dモデルを回転させたアニメーションの動画にするとよく伝わるようになります。

肉食の恐竜
この恐竜の
特徴をみんなで
考えてみよう！

恐竜は頭と尻尾で体のバランスをとっていることが、水平方向に回転し続けている様子を見せることで視覚的に理解しやすくなります。

4-5

さらなる表現にチャレンジ
—画面切り替え「変形」と3D活用—

! 注意

「画面切り替え」を活用した例としては、115ページの「答えの表示」があります。

アニメーション機能を利用する以外に、「画面切り替え」を利用してもアニメーションの効果は実現できます。

Office2019やMicrosoft365のPowerPointでは「変形」という効果が加わったことで、これまでは難しかったダイナミックなアニメーション効果を実現できるようになりました。この節では、画面切り替え機能の「変形」を活用した例を紹介します。

画面切り替え「変形」の基本的な効果

メモ

「変形」はテキスト、図形、画像など、さまざまなオブジェクトにダイナミックな動きを与えます。ただし、グラフは変形の対象になっていません。

画面切り替えの「変形」は、**1つ前のスライドのオブジェクト（文字や図形）を、現在のスライドの新しい場所に移動させたり、スムーズに変形させたりする機能**です。2枚のスライドに共通のオブジェクトを用意して、別々の配置にした場合、「変形」の効果で、手軽にオブジェクトを移動させることができます。

この効果を使った具体例は122ページ以降で紹介していきますが、図形の移動を扱った問題の解説や、状態変化などを扱う理科や社会の解説などで利用することなどが考えられます。アニメーションの設定では手間のかかる効果も簡単に作成することができます。

メモ

Ctrl キーを押しながらマウスでドラッグしても簡単に複製できます。

ステップ1 同じオブジェクトが配置された2つのスライドを作成

オブジェクトを配置したスライドを作成し、そのスライドを複製します。左側のサムネイルを右クリックし、メニューから **[スライドの複製]** を選択します。

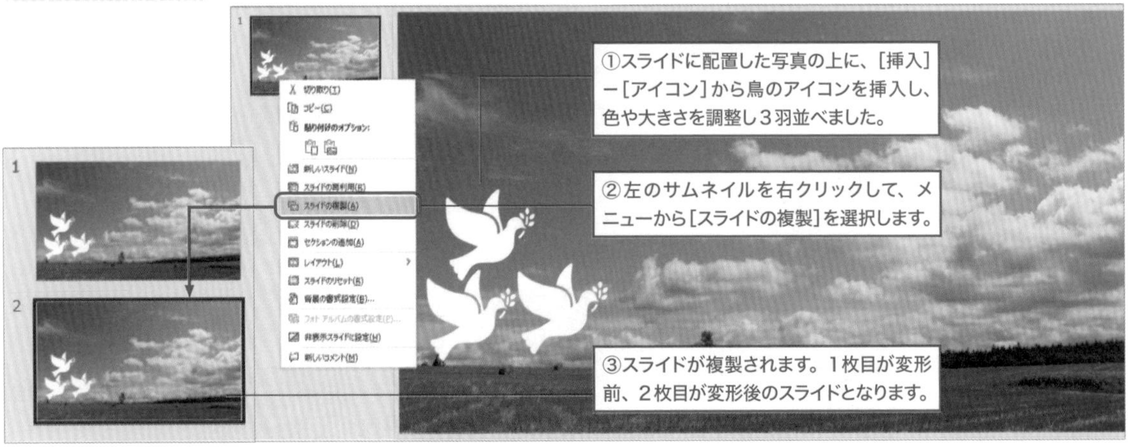
1
切り取り(T)
コピー(C)
貼り付けのオプション:
新しいスライド(N)
スライドの再利用(R)
スライドの複製(A)
スライドの削除(D)
セクションの追加(A)
レイアウト(L)
スライドのリセット(R)
背景の書式設定(B)...
フォト アルバムの書式設定(P)...
非表示スライドに設定(H)
新しいコメント(M)
1
2
①スライドに配置した写真の上に、[挿入]ー[アイコン]から鳥のアイコンを挿入し、色や大きさを調整し３羽並べました。
②左のサムネイルを右クリックして、メニューから[スライドの複製]を選択します。
③スライドが複製されます。１枚目が変形前、２枚目が変形後のスライドとなります。

ステップ2 複製先（変形後）のオブジェクトを再配置

複製した2枚目のスライドを選択し、変形後の形をイメージしてオブジェクトを並べ替えます。例では、3羽の鳥を左下から右上に移動し、サイズを大きくして、空に飛び立つイメージを表現してみました。

ステップ3 画面切り替え（変形）の適用

メモ
変形の様子は［プレビュー］をクリックすると確認できます。

変形後の2枚目のスライドを選択し、**［画面切り替え］タブから［変形］の効果を指定**します。これで、アニメーションの軌跡を描かなくても、左下にいた3羽の鳥が拡大しながらスムーズに右側へと移動していきます。

1枚目が変形前、2枚目が変形後のイメージです。

④鳥を拡大して右側に移動させます。
⑤2枚目のスライドを選択して、［画面切り替え］タブから［変形］を指定します。

➲ 変形が適用されたスライドショーの画面

左下の3羽の鳥が途切れることなくスムーズに大きくなりながら右へ移動します。

ヒント

「変形」の効果が適用されるのは、1枚目と2枚目に同じオブジェクトがある場合です。1枚目にあるオブジェクトが2枚目にない場合は、そのオブジェクトはフェードで消えていきます。逆に、1枚目にないオブジェクトが2枚目にある場合には、フェードで表示されます。

注意

動画として記録する場合には、約1秒程度の切り替え時間が必要で、**画面切り替えの効果中は音声は録音されません**。通常のプレゼンテーションで活用する場合には手軽で便利ですが、動画作成のために「スライドショーの記録」（第2章参照）をする場合には、画面切り替えの効果中は解説をいったん止める等の注意が必要です。

花壇に通路を作った場合の面積計算の考え方を示す

画面切り替えの「変形」を利用すると、「アニメーション」の設定では手間のかかる効果も簡単に作成できます。

たとえば、算数などの文章問題で、下の例のように色のついた部分の面積を求める場合、全体から遊歩道分の面積を引くのではなく、**色のついた部分だけ集合させて単純な長方形にして計算をする**ように教えます。実際の授業では、これを板書だけで視覚的に説明するのは難しいので、紙を切って動かして説明するなどの工夫がされていることが多いでしょう。これをPowerPointで動かして表現してみます。

この場合、4つの長方形を描いて、それらが集まってくるような「アニメーションの軌跡」を設定しても可能ですが、多くの図形を移動させたり変形させたりする場合には**画面切り替えの「変形」**のほうが簡単に実現できます。

メモ

サンプルファイルと解説動画をダウンロードで提供しています。詳しくは165ページ参照。

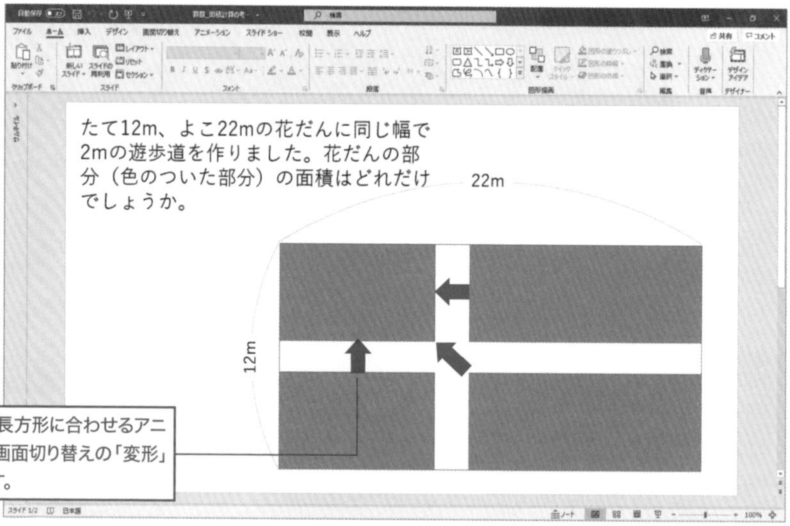

たて12m、よこ22mの花だんに同じ幅で2mの遊歩道を作りました。花だんの部分（色のついた部分）の面積はどれだけでしょうか。
22m
12m

それぞれの長方形を左上の長方形に合わせるアニメーションを作る代わりに、画面切り替えの「変形」を使って簡単に実現させます。

メモ

Ctrl キーを押しながらマウスでドラッグしても複製できます。

❶ [挿入] タブの [図形] の「長方形」で描画してこのような図を作成したら、スライドを複製します。左側のサムネイルを右クリックし、メニューから **[スライドの複製]** を選択します。

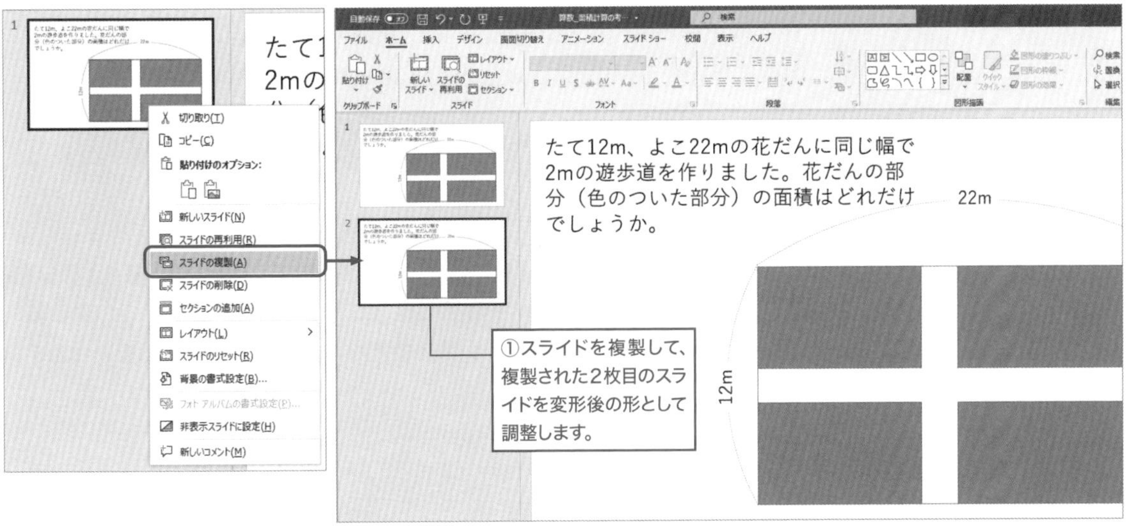
切り取り(T)
コピー(C)
貼り付けのオプション:
新しいスライド(N)
スライドの再利用(R)
スライドの複製(A)
スライドの削除(D)
セクションの追加(A)
レイアウト(L)
スライドのリセット(R)
背景の書式設定(B)...
フォト アルバムの書式設定(P)...
非表示スライドに設定(H)
新しいコメント(M)
たて12m、よこ22mの花だんに同じ幅で
2mの遊歩道を作りました。花だんの部
分（色のついた部分）の面積はどれだけ
でしょうか。
22m
12m
①スライドを複製して、複製された2枚目のスライドを変形後の形として調整します。

❷ 複製したスライドで、最終的に変形したい形になるよう3つの長方形を移動させて形を調整します。

❸ **[画面切り替え] から「変形」の効果を指定**します。

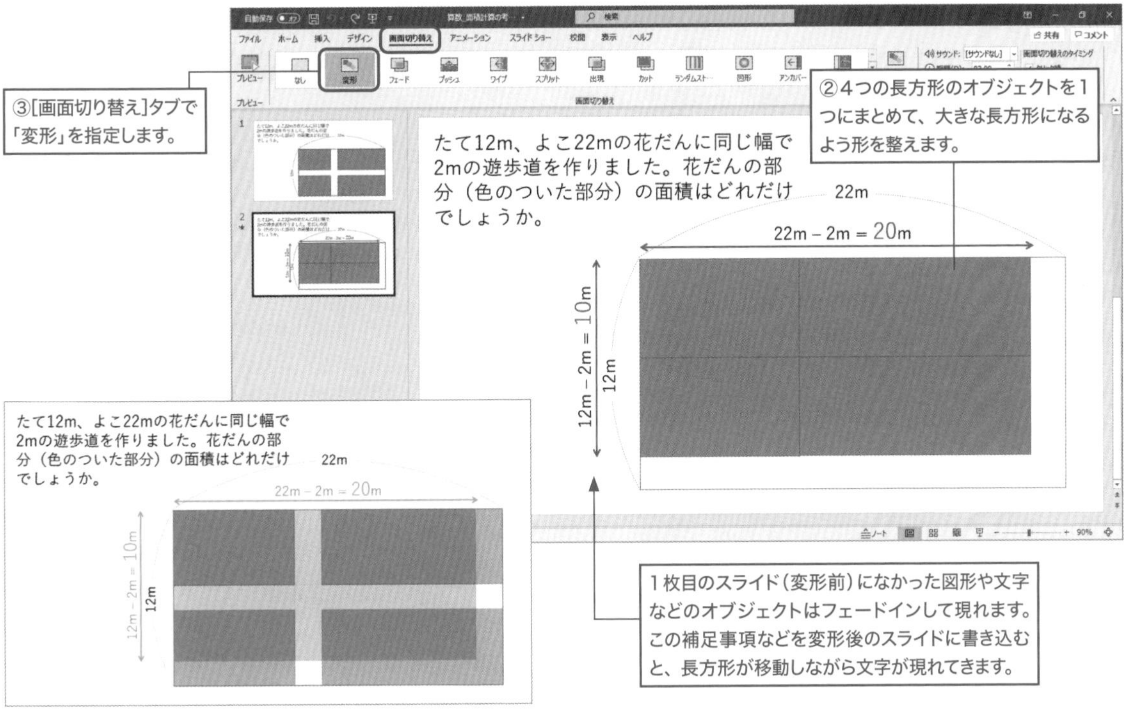
③[画面切り替え]タブで「変形」を指定します。
画面切り替え
変形
②4つの長方形のオブジェクトを1つにまとめて、大きな長方形になるよう形を整えます。
たて12m、よこ22mの花だんに同じ幅で
2mの遊歩道を作りました。花だんの部
分（色のついた部分）の面積はどれだけ
でしょうか。
22m
22m − 2m = 20m
12m − 2m = 10m
12m
1枚目のスライド(変形前)になかった図形や文字などのオブジェクトはフェードインして現れます。この補足事項などを変形後のスライドに書き込むと、長方形が移動しながら文字が現れてきます。

❶1枚目のスライドから2枚目のスライドに図形が変形するイメージ

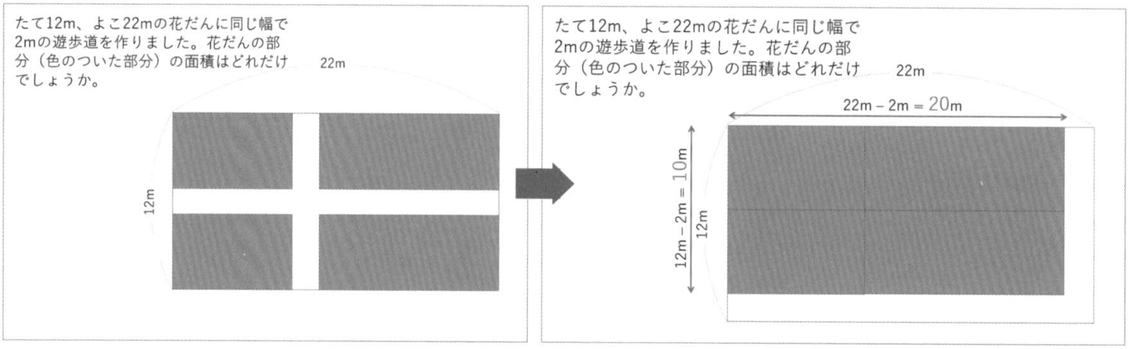
たて12m、よこ22mの花だんに同じ幅で
2mの遊歩道を作りました。花だんの部
分（色のついた部分）の面積はどれだけ
でしょうか。
22m
12m
たて12m、よこ22mの花だんに同じ幅で
2mの遊歩道を作りました。花だんの部
分（色のついた部分）の面積はどれだけ
でしょうか。
22m
22m − 2m = 20m
12m − 2m = 10m
12m

このように、**変形前と変形後の2枚のスライドを作成して、[画面切り替え] から「変形」を指定するだけ**で、PowerPointがその間の動きを補完してくれます。このように一見複雑そうな動きも、アニメーションの軌跡を使用しなくとも手間なく作成できます。

合同な図形を動かして重ねる

前項よりも、もう少し多くの図形を一度に動かす場合の例を見てみましょう。

中学校の数学で習う「合同な図形」の説明で、下の例のようにA～Gまでの三角形から合同なものはどれかを問いかけています。この場合、さまざまな形の三角形と、一組だけ合同な三角形を画面上に配置して準備しておきます。例では「B」と「G」が合同な三角形です。

これを **[画面切り替え] の「変形」を利用して、「合同とは同じ形で重なり合うこと」を視覚的に表現**してみます。

◀◀参照

三角形の描画と、形の変形の方法については、161ページを参照。

メモ

サンプルファイルと解説動画をダウンロードで提供しています。詳しくは165ページ参照。

ファイル
ホーム
挿入
デザイン
画面切り替え
アニメーション
スライドショー
校閲
表示
ヘルプ
図形
合同な図形はどれかな？
A
B
C
D
E
F
G

[挿入] タブの [図形] から、さまざまな三角形を描いて挿入します。その際、一組だけ同じ形（合同）にしておきます。

メモ

スライドの複製は、左側のサムネイルを右クリックし、メニューから［スライドの複製］を選択します。Ctrl キーを押しながらマウスでドラッグしても簡単に複製できます。

1 これまでの、画面切り替えの「変形」の準備同様に、元になるスライド（変形する前）を複製して、変形後の形になるように調整します。

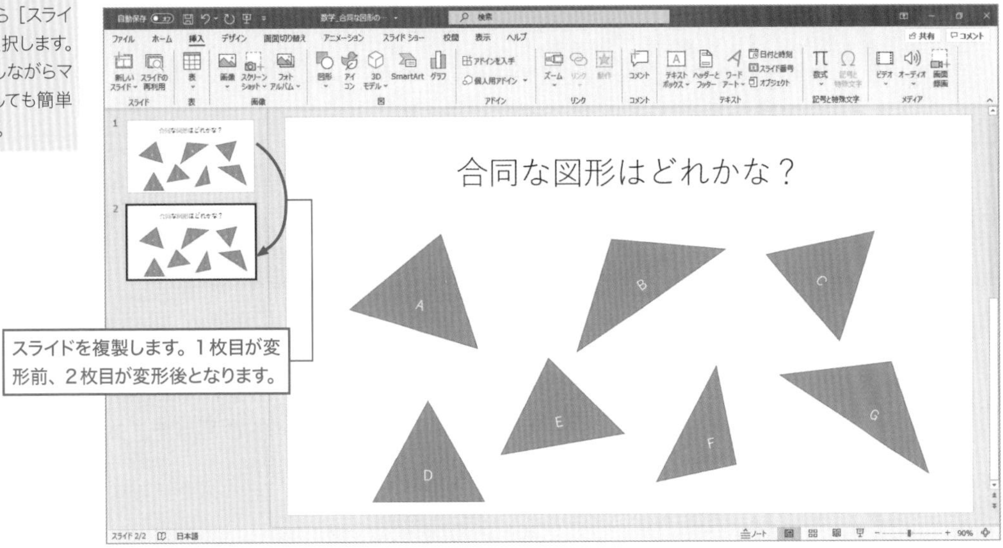
合同な図形はどれかな？
A
B
C
D
E
F
G
スライドを複製します。1枚目が変形前、2枚目が変形後となります。

2 変形後となる2枚目のスライドで、合同な2つがわかるように、合同な三角形である「B」「G」の色を変えて中央に並べて配置します。その他の三角形はスライドの端に移動させました。

3 ［画面切り替え］タブから「変形」の効果を指定します。

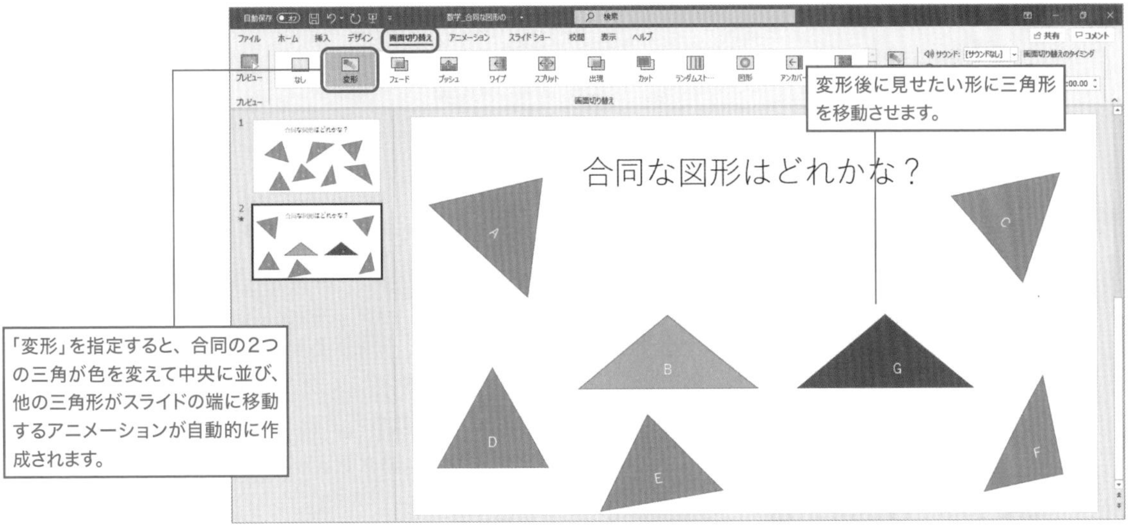
画面切り替え
変形
合同な図形はどれかな？
A
B
C
D
E
F
G
変形後に見せたい形に三角形を移動させます。
「変形」を指定すると、合同の2つの三角が色を変えて中央に並び、他の三角形がスライドの端に移動するアニメーションが自動的に作成されます。

4 さらに、もう一枚複製します。3枚目のスライドには、三角形「B」「G」だけ残し、これらを重ねて合同であることを示します。

5 3枚目のスライドにも［画面切り替え］タブから「変形」の効果を指定します。

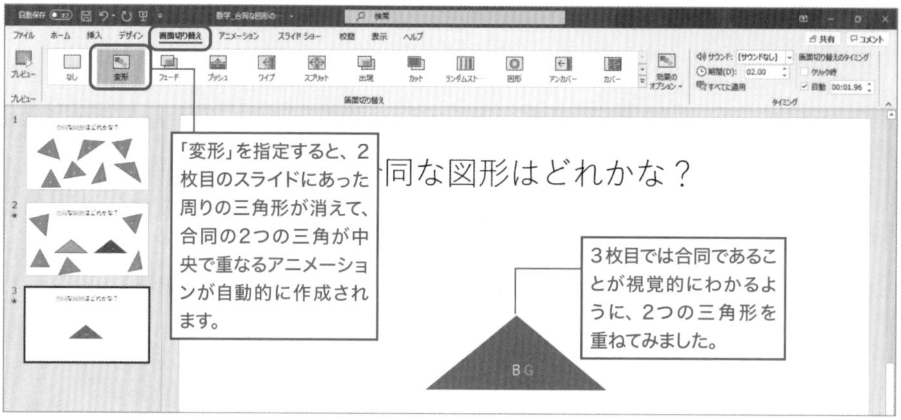
ファイル
ホーム
挿入
デザイン
画面切り替え
アニメーション
スライド ショー
校閲
表示
ヘルプ
なし
変形
フェード
プッシュ
ワイプ
スプリット
「変形」を指定すると、2枚目のスライドにあった周りの三角形が消えて、合同の2つの三角が中央で重なるアニメーションが自動的に作成されます。
同な図形はどれかな？
3枚目では合同であることが視覚的にわかるように、2つの三角形を重ねてみました。
BG

実際にこの3枚のスライドを再生してみると、バラバラの三角形の中から、2つの合同な三角形（BとG）が色を変えてスライド中央に移動して並び、さらに最後には重なって、まったく同じ形、大きさであることを表現することができます。

❶ 自動的にアニメーション処理されて三角形が移動していく様子

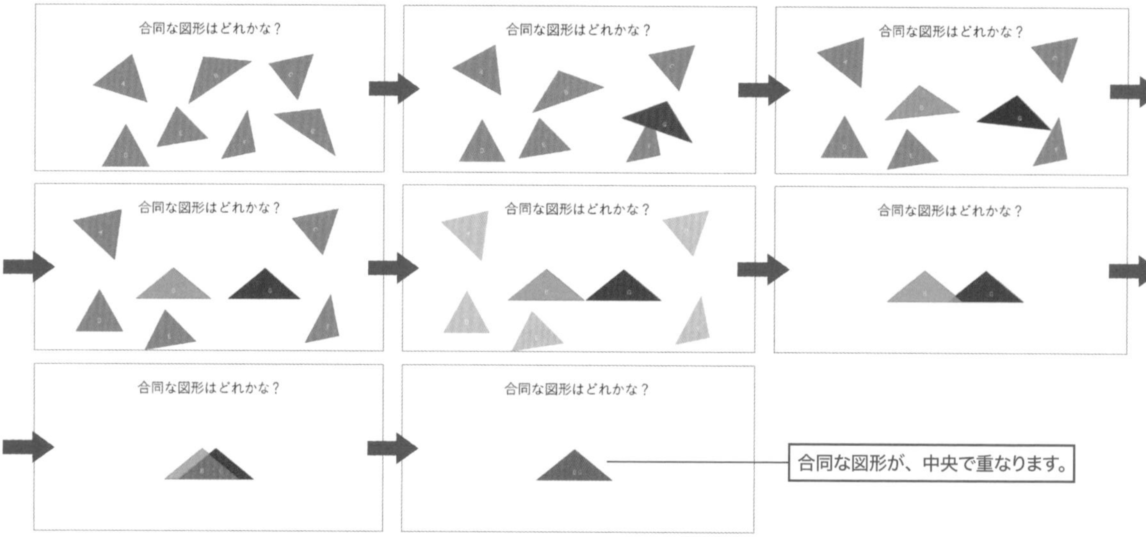
合同な図形はどれかな？
合同な図形が、中央で重なります。

同じ効果を［アニメーション］タブの機能から実現することも可能ですが、それぞれのオブジェクトに「アニメーションの軌跡」とタイミングを設定する必要があるので、かなり手間のかかる作業になります。このような場合には、［画面切り替え］タブの「変形」を上手に活用すると、驚くほど簡単に複雑な動きを表現することができます。

ヒント

「変形」の効果は、スライドを追加（複製）・作成するごとに意図した動きになっているかプレビューで確認しましょう。慣れてきたら、複数まとめて適用すると効率的にスライド作成することができます。

立体図形の性質を視覚的に表現する

算数・数学等の教科で、**立体図形の性質を動画で視覚的に見せたい**場合、**画面切り替えの「変形」と「3D モデル」を組み合わせることで、簡単に立体の構造をアニメーションで表現**することができます。

ここでは、小学校の算数で習う立体図形の性質から、球、円すい、円柱の形の違いをアニメーションで表現する方法を例として解説します。

メモ

サンプルファイルと解説動画をダウンロードで提供しています。詳しくは165ページ参照。

1 [挿入] タブから [3D モデル] を選択すると、[オンライン3D モデル] のメニューが表示されます。ここから、[3D シェイプ] を選び、「球」「円すい」「円柱」の3D モデルを選択してスライドに配置します。

2 配置された3つの図形をすべてが円に見えるように角度を調整して配置します。

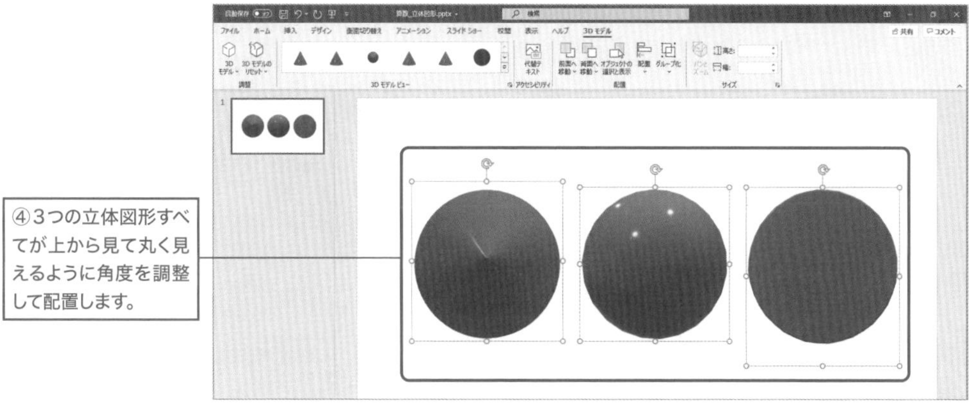

3 左側のサムネイルを右クリックし、メニューから［スライドの複製］を選択します。複製した2枚目のスライドで、それぞれの図形の角度を調整して、横からの視点になるようにします。これで、三角形、丸、四角形（3Dの視点の関係で完全な長方形には見えません）の形を表現できます。

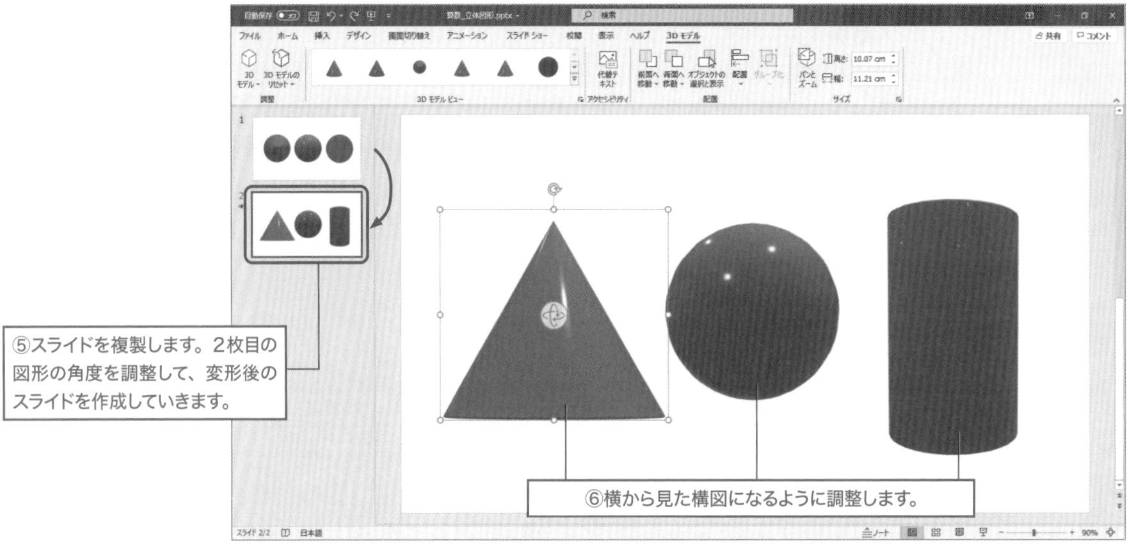
⑤スライドを複製します。2枚目の図形の角度を調整して、変形後のスライドを作成していきます。
⑥横から見た構図になるように調整します。

4 2枚目のスライドをさらに複製し、3枚目のスライドを用意します。3枚目のスライドでは、斜め上からの視点になるように図形の角度を調整して、それぞれの図形の特徴がわかるようにします。

5 ［挿入］タブの［図形］から「テキストボックス」を挿入し、それぞれの立体の名前を入力して配置します。

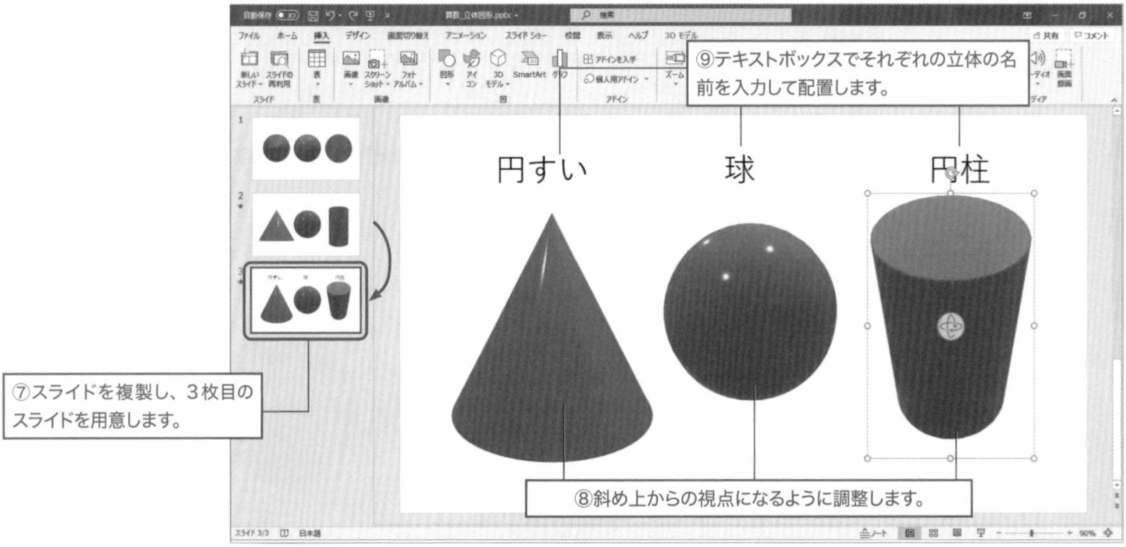
⑨テキストボックスでそれぞれの立体の名前を入力して配置します。
円すい
球
円柱
⑦スライドを複製し、3枚目のスライドを用意します。
⑧斜め上からの視点になるように調整します。

6 2枚目、3枚目のスライドそれぞれに［画面切り替え］タブから「変形」を指定して完成です。

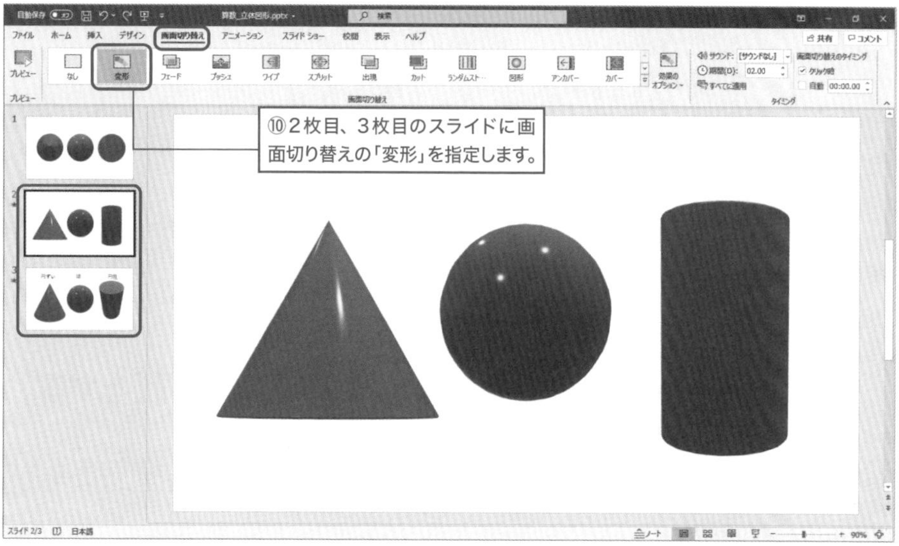
⑩2枚目、3枚目のスライドに画面切り替えの「変形」を指定します。

［プレビュー］をクリックして動きを確認すると、最初は3つの丸が並んでいるだけの図形が、角度が変わるごとに形を変えて、図形の形の特徴を立体的に見ることができるようになりました。

画面切り替えを実行して図形の形の特徴を見せます。

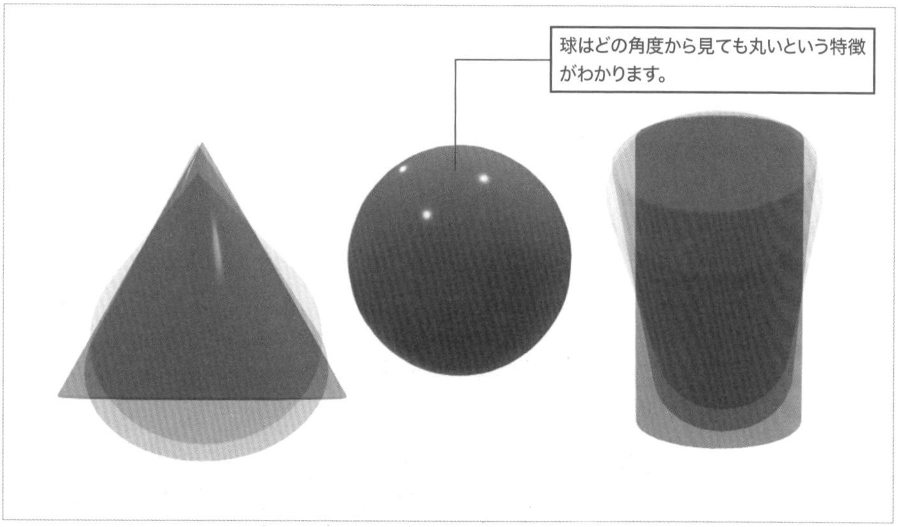
球はどの角度から見ても丸いという特徴がわかります。

このような効果はアニメーション効果を設定しても見せることは可能ですが、画面切り替えの「変形」で設定したほうが、意図した表現を手軽に実現できます。目的に応じて使い分けると効率的にスライド作成ができます。

4-6
応用編：アニメーション、3Dモデル、画面切り替えを使って授業教材を作る

ここまで、文字やオブジェクトの「アニメーション効果」、「3Dモデル」、画面切り替えの「変形」など、それぞれの機能を使った活用例を紹介してきましたが、この節では、これらすべてを使って、実際の授業用教材動画を作成していく手順を説明していきます。

「心臓のはたらき」を立体的に見せて、解説をする

ここでは、**3Dモデルを回転させて詳細を順番に解説するような動画**を作成します。例として、心臓のはたらきを示す教材を取り上げます。

メモ
サンプルファイルと解説動画をダウンロードで提供しています。詳しくは165ページ参照。

❶［挿入］タブから［3Dモデル］を選択します。表示された一覧から［医療］のカテゴリーにある「心臓」の3Dモデルを選択してスライドに配置します。

❷ 3Dモデルの回転や拡大は［アニメーション］タブの機能ではなく［画面切り替え］タブの「変形」を使うので、説明に必要な画面分だけ同じスライドを複製しておきます。

参照
テキストボックスの色の調整については、100ページ参照。

❸ 1枚目のスライドでは、タイトルと心臓の外観を見せるために図のように3Dモデルを配置します。のちほど顔出しワイプ映像を画面左下（心臓のはたらきの文字の下あたり）に配置することを想定して、この場所をあけておきます。タイトルの文字（「中学生の理科 心臓のはたらき」）は「フェード」で現れる効果を設定しました。

1枚目のスライド

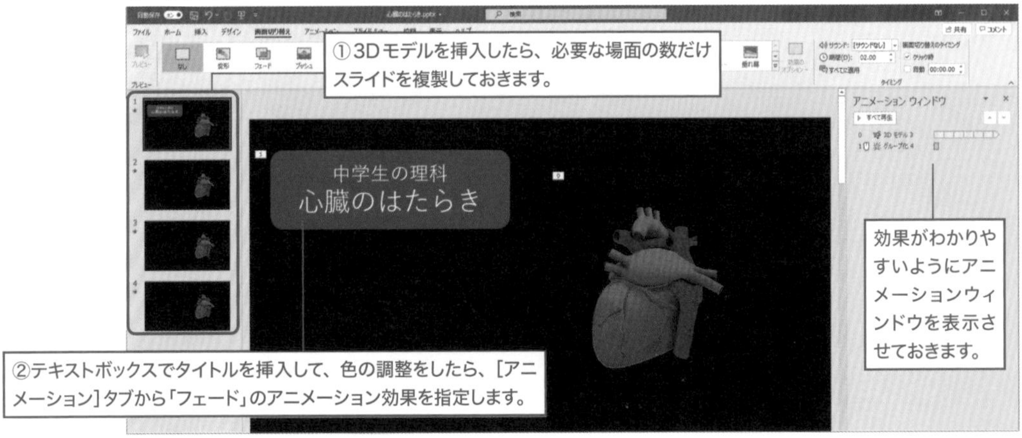
①3Dモデルを挿入したら、必要な場面の数だけスライドを複製しておきます。
中学生の理科
心臓のはたらき
アニメーション ウィンドウ
効果がわかりやすいようにアニメーションウィンドウを表示させておきます。
②テキストボックスでタイトルを挿入して、色の調整をしたら、［アニメーション］タブから「フェード」のアニメーション効果を指定します。

4 2枚目のスライドでは、「3Dコントロール」で心臓の向きを断面図に変えて、左側に心臓の説明が入ったテキストボックスを挿入しました。1枚目と同様に、テキストボックスには［アニメーション］タブから「フェード」の効果を指定しました。

2枚目のスライド

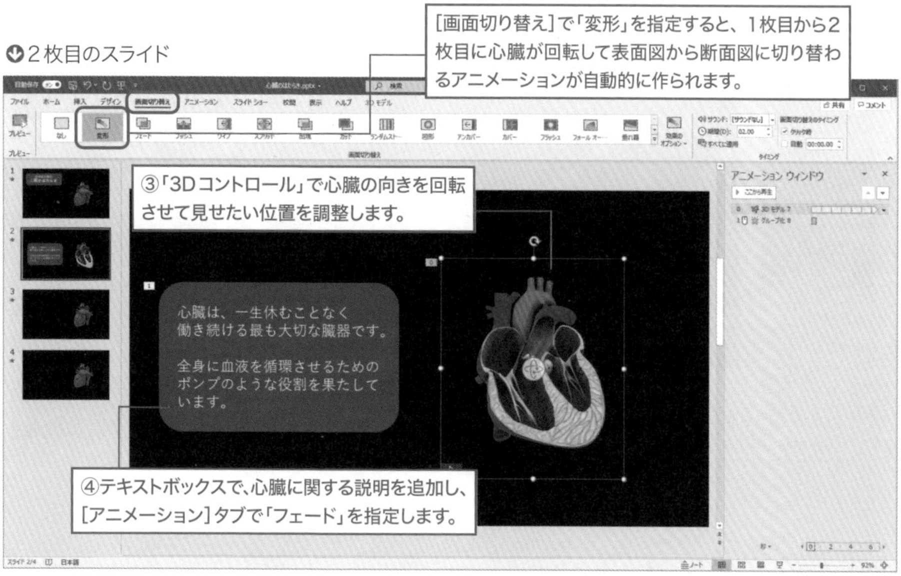
[画面切り替え]で「変形」を指定すると、1枚目から2枚目に心臓が回転して表面図から断面図に切り替わるアニメーションが自動的に作られます。
③「3Dコントロール」で心臓の向きを回転させて見せたい位置を調整します。
心臓は、一生休むことなく
働き続ける最も大切な臓器です。
全身に血液を循環させるための
ポンプのような役割を果たして
います。
④テキストボックスで、心臓に関する説明を追加し、[アニメーション]タブで「フェード」を指定します。
アニメーション ウィンドウ

5 同様に、3枚目、4枚目のスライドも、心臓（3Dモデル）を移動・拡大させて、解説に必要な文字をテキストボックスで挿入します。表示される文字には同じように［アニメーション］タブから「フェード」の効果を指定しました。

3枚目のスライド

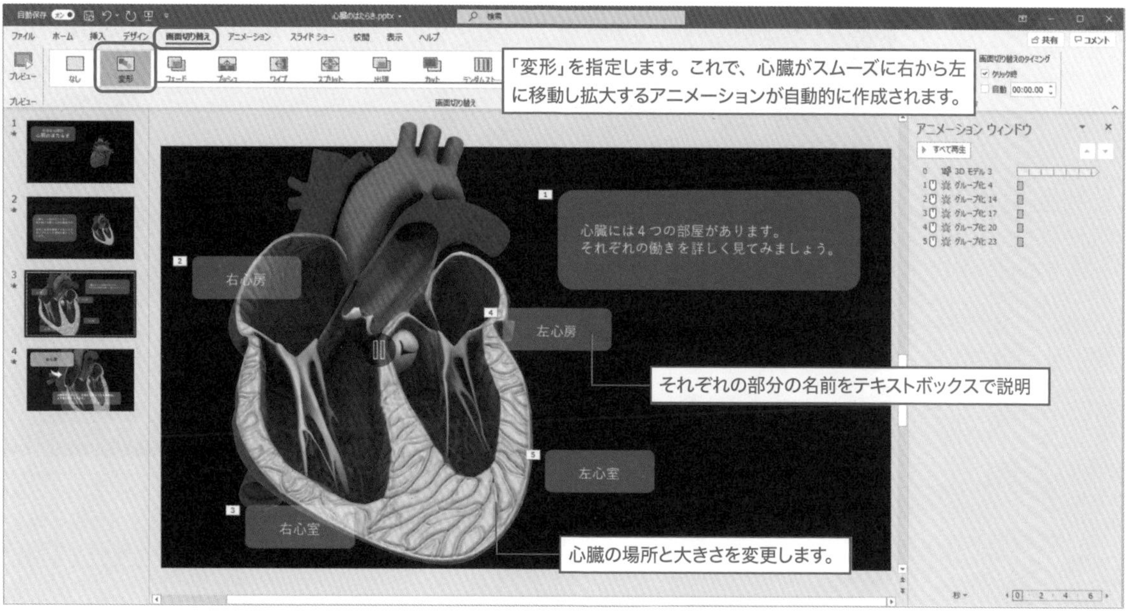
「変形」を指定します。これで、心臓がスムーズに右から左に移動し拡大するアニメーションが自動的に作成されます。
アニメーション ウィンドウ
心臓には4つの部屋があります。
それぞれの働きを詳しく見てみましょう。
右心房
左心房
それぞれの部分の名前をテキストボックスで説明
左心室
右心室
心臓の場所と大きさを変更します。

❹4枚目のスライド

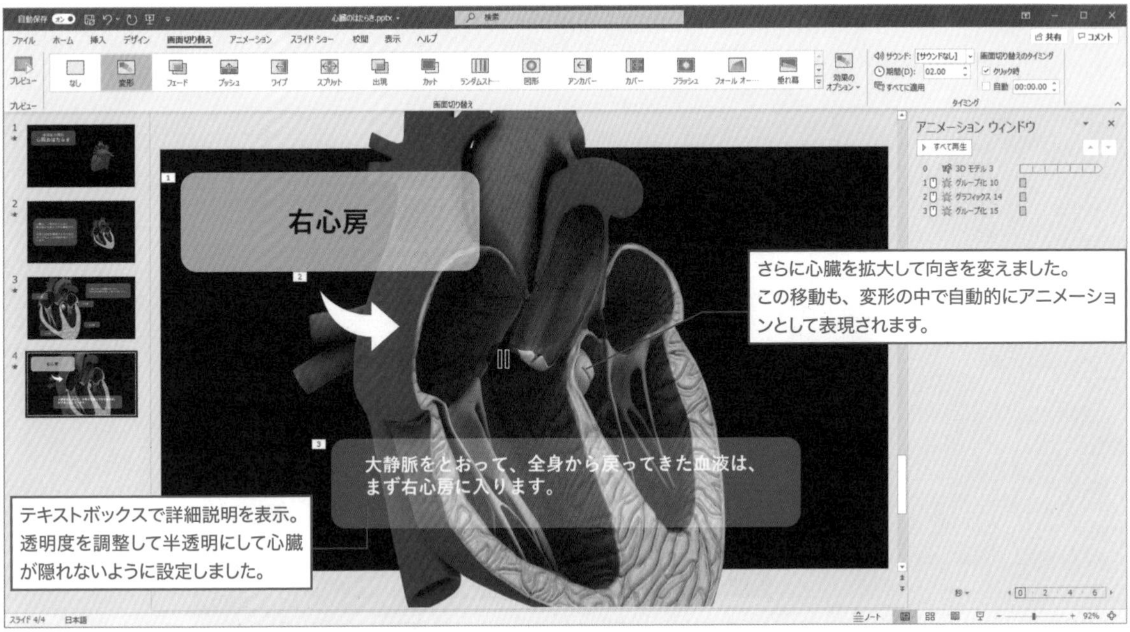
右心房
さらに心臓を拡大して向きを変えました。
この移動も、変形の中で自動的にアニメーションとして表現されます。
大静脈をとおって、全身から戻ってきた血液は、
まず右心房に入ります。
テキストボックスで詳細説明を表示。
透明度を調整して半透明にして心臓が隠れないように設定しました。
アニメーション ウィンドウ

◀◀ 参照

テキストボックスの透明度の調整については、101ページ参照。

6 必要なスライドを作成したら、スライドショーの記録を行います。[スライドショー]タブから[スライドショーの記録]をクリックして、画面に合わせた解説をしていきます。

❹スライドの記録中の画面－３枚目のスライドを解説中

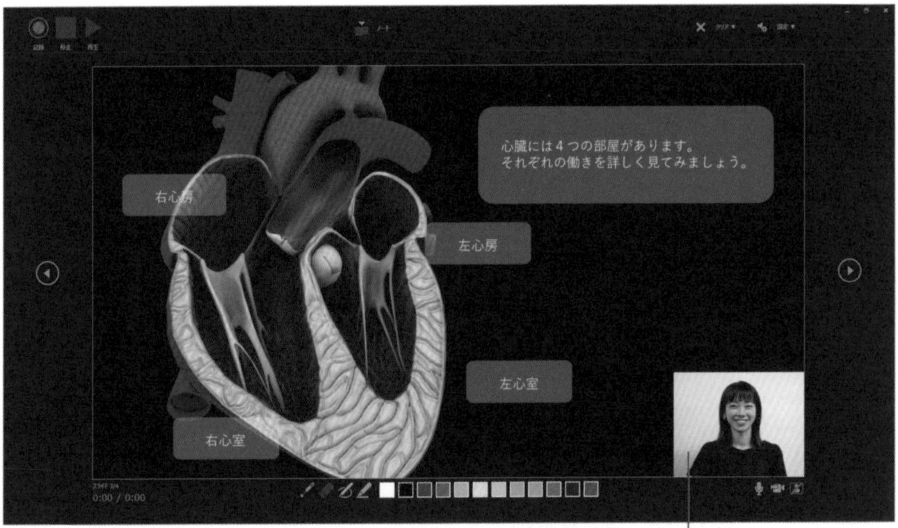
心臓には４つの部屋があります。
それぞれの働きを詳しく見てみましょう。
右心房
左心房
左心室
右心室

ワイプ映像は右下に配置されますが、記録後に場所や大きさを変更できます。また、ペンやレーザーポインターで場所を示しながらの解説もできます。

7 スライドショーの記録（録音）を終えたら、右下に配置されている解説のワイプ映像の場所を移動させたり形を変えたりして、予定していたレイアウトに調整します。

ファイル　ホーム　挿入　デザイン　画面切り替え　アニメーション　スライド ショー　校閲　表示　ヘルプ
アニメーション ウィンドウ
右心房
大静脈をとおって、全身から戻ってきた血液は、まず右心房に入ります。
記録後、ワイプ映像の場所や形・大きさを調整します。

8 最終的に調整が終わったら、［ファイル］タブから［エクスポート］で［ビデオの作成］を指定し、動画として保存して完成です。

参照
動画として保存する方法についての詳細は、第2章42ページ参照。

完成した心臓の働きを立体的に見せた映像教材

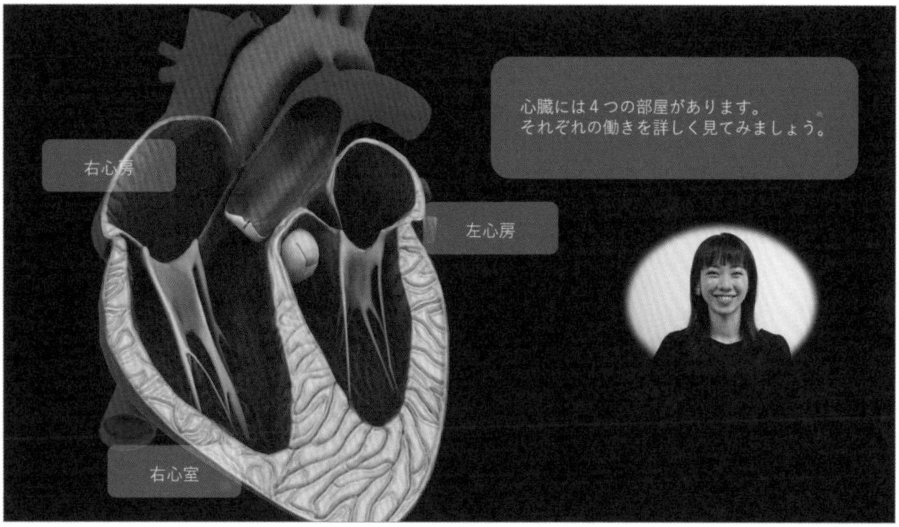
心臓には4つの部屋があります。
それぞれの働きを詳しく見てみましょう。
右心房
左心房
右心室

このように、動画編集ソフトでは作成が難しい映像教材をPowerPointの機能を組み合わせることで、驚くほど簡単に作ることができます。

Column

3Dコンテンツや音楽等の無料素材の活用

インターネット上には、さまざまな無料の素材があります。これらを活用することで、効率的・効果的に教材作成をすることが可能です。特に、Microsoft Office関連には公式・非公式で多用なテンプレートコンテンツが用意されているので、これらをうまく活用していくことで、時間を短縮して質の高い教材等を作成することができます。

また、動画作成時には音楽や効果音なども必要な場合があります。CD、DVD等の音源をそのまま使用すると著作権の問題も発生するので、著作権フリーになっている素材などの配布を行っているサイトを活用していくといいでしょう。

◉マイクロソフト「小学校で学習する文字のPowerPointスライド」

https://www.microsoft.com/ja-jp/enable/ppt/moji.aspx

古いバージョンのPowerPointにも対応している文字のテンプレートです。小学校で学習するひらがな、カタカナ、数字、漢字1,182字のスライドが用意されていて、Microsoftの公式ページから一括してダウンロードできます。文字を授業に合わせて加工する方法も提示されているので、授業での活用の幅が広がります。

書き順がアニメーションで表現される

◉マイクロソフト「リモートワーク・自宅学習 お役立ち情報」

https://www.microsoft.com/ja-jp/atlife/useful-for-home-and-family.aspx

自宅での仕事や、学習に役立つPowerPointやWordなどのテンプレートが配布されています。

◉マイクロソフトOfficeテンプレート「幼稚園・小学校の先生編」

https://www.microsoft.com/ja-jp/office/pipc/teacher

幼稚園、小学校の学校教育に特化したテンプレートを提供しているMicrosoftの公式ページです。教材として活用できるOfficeテンプレートが数多く提供されています。

Microsoft の教育に特化した公式ホームページ

◉YouTubeオーディオライブラリー（YouTube Studioから利用）

YouTubeのアカウントでYouTube Studio（Studioについては第2章46ページ参照）にログインすると、左メニューの下部に「オーディオライブラリー」というメニューがあります。ここから、YouTubeで安全に利用できる無料の音楽ソースをダウンロードできます。

YouTube アカウントで Studio にログインすると利用可能になる

オーディオ ライブラリ

このオーディオ ライブラリを使用すると、YouTube オーディオ ライブラリの利用規約に同意したことになります。 詳細 OK

無料の音楽 効果音 スター付き

ライブラリの検索またはフィルタ

トラックのタイトル	ジャンル	ムード	アーティスト	時間	ライセンス タイプ	追加日
19th Floor	ダンス&エレクトロニック	暗い	Bobby Richards	2:01		2020年12月
Breathe	ダンス&エレクトロニック	暗い	josh pan	3:04		2020年12月
Awful	ヒップホップ&ラップ	暗い	josh pan	3:37		2020年12月
Voices	アンビエント	暗い	Patrick Patrikios	2:33		2020年12月
Stairway	アンビエント	ハッピー	Patrick Patrikios	2:56		2020年12月
Piano Trap Beethoven	ヒップホップ&ラップ	暗い	josh pan	3:14		2020年12月
Phrase Prant	ダンス&エレクトロニック	暗い	josh pan	3:18		2020年12月
Tak	ダンス&エレクトロニック	暗い	Bobby Richards	2:14		2020年12月
Away	アンビエント	暗い	Patrick Patrikios	2:34		2020年12月
June	ダンス&エレクトロニック	ドラマチック	Bobby Richards	2:10		2020年12月
Yah Yah	ダンス&エレクトロニック	明るい	josh pan	3:04		2020年12月
Cat Shat in the Box	ダンス&エレクトロニック	怒り	josh pan	1:48		2020年12月
Calvin Harris	ダンス&エレクトロニック	ファンキー	josh pan	2:37		2020年12月
Muriel	ダンス&エレクトロニック	ファンキー	Bobby Richards	1:45		2020年12月
Just Dance	アンビエント	明るい	Patrick Patrikios	2:39		2020年12月

◉フリーBGM DOVA Syndrome

https://dova-s.jp/

著作権フリーの音楽サイトとしては最も大きなサイトの一つ。さまざまなジャンルや長さの音楽を自分の動画にあわせて利用することができます。それぞれの音楽に詳細な利用規定がありますが、基本的には無料で利用することが可能です。

◉効果音ラボ

https://soundeffect-lab.info/

商用にも無料で使える効果音を提供しているサイト。男性、女性の声素材から生活環境に関する音素材まで幅広く提供されています。

◉Free3D（一部有料あり）

https://free3d.com/ja/3d-models/

3Dモデルの配布をしているサイト。さまざまなクリエーターが作成した3Dモデルをダウンロードできます。有料のモデルもありますが、無料で使える素材も多くあります。PowerPoint標準の3Dモデル以外に必要なものがあれば、ここからダウンロードしてPowerPointに取り込んで利用することができます。

第5章

Windows10の標準アプリで動画編集 ―「フォト」の活用

これまでは、PowerPointの動画作成機能を活用した授業動画や解説動画の作成方法について説明してきましたが、Windows10には「フォト(ビデオエディター)」という無料の標準アプリが備わっており、このアプリを活用しても簡単に動画編集ができます。本章では、この「フォト」をPowerPointと一緒に活用し、さらに一歩進んだ動画作成を行うためのヒントを紹介していきます。

5-1
PowerPointで動画作成できるのに、なぜフォトを使うのか？

Windows10の標準アプリ「フォト」で動画編集ができる

Windows10には「フォト（ビデオエディター）」（以下、「フォト」とだけ表記します）という動画編集ができる標準アプリが備わっています。このフォト、一般的には写真を整理したり加工・編集したりするソフトウェアだと思われていることが多いのですが、**実は動画編集ができます**。

Windowsにはかつて、「ムービーメーカー」というソフトウェアが標準で付属していました。Windowsでの動画編集で使ったことがある方も多いのではないでしょうか。しかしその後、ムービーメーカーは廃止されてしまったため、Windows10には動画編集ソフトは付属していないと思われている方もまだ多くいることでしょう。

フォトでは、市販の動画編集ソフトのような高度なことはできませんが、動画の長さを調整したり、文字を入れたり、BGMを追加したり、複数の動画を1つにまとめたりといった**簡単な編集作業であれば手軽に使うことができます**。

表現力に優れ、できることが多いのはPowerPoint

第1章から第4章までを詳細に読まれた皆さんは、なぜフォトを使うのか？と疑問に思われるかもしれません。実は今から紹介するフォトよりも、**PowerPointを使ったほうがより高度な編集や設定が簡単にできる**からです。しかし、PowerPointは動画編集専用のソフトウェアではないので、弱い点があるのも事実です。そこで、**どのようにフォトとPowerPointを使い分けるか**ということになります。

PowerPointでは、一般的な動画編集ソフトに負けないほどの多様な映像表現をすることができます。一方で、**動画の時間管理や長さの調整、場面の入れ替えやBGMの設定など、動画編集特有の機能に関しては弱い**部分も多く、それらを補うようにフォトを活用していくと、効率的に動画作成ができるようになります。

たとえば、PowerPointで作成した短い映像クリップを複数つないで1つの長い映像作品を作ったり、タイトル部分の複雑なアニメーションをPowerPointで作成して、フォトのタイトル等に使ったりするのがおすすめです。また、短い映像クリップの順番を入れ替えたり、分割したり、全体的な長さを調整したりといった編集作業に使っていくことで、効率よく動画の編集をすることが可能になります。

5-2 動画編集ソフトの基本的な考え方 ―PowerPointとの違い―

動画編集ソフトの仕組み

動画編集ソフトは、フォトに限らず、一般的に下図のような仕組みでできています。

昔は動画編集といえば、ビデオテープやフィルムを切り貼りして編集していましたが、基本的な概念は同じです。**編集のもとになる「素材（ビデオファイルや音声ファイル）」を切り貼りして1つの作品に仕上げ**ていきますが、これら編集の元になるビデオファイルのことを「素材（ライブラリ）」と呼んでいます（下図の一番上の段がそれに該当します）。

そして、今はデジタルの時代です。これらの素材を直接切ったり貼ったりして加工しなくても、どのように編集していくかという**設計図や指示書のようなものを作成し、完成後の動画イメージを作っていきます**。このようなファイルを「プロジェクト」または「プロジェクトファイル」と呼んでいます（下図の真ん中の段がそれに該当します）。

動画編集ソフトの一般的な仕組み

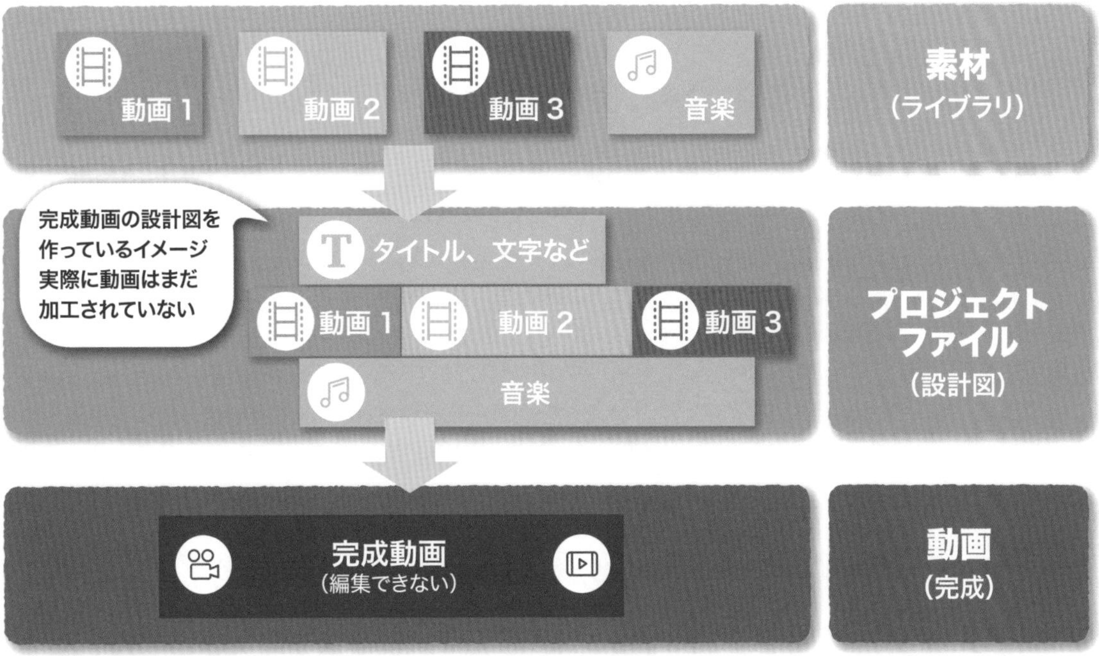

素材を組み合わせてプロジェクトファイルを作成し、「動画」ファイルへ

たとえば、前ページの図の素材の段にある動画1の一部を切り取って最初に配置、動画2を2番目に配置、動画3も短くトリミングして最後に配置、そこにタイトルやテロップなどの文字を挿入して、全体としてBGMを流して1つのまとまった映像作品を作る、というようなプロジェクトファイルを考えてみます。

パソコン上で素材のデジタル処理をしながらプロジェクトファイルの作成を進めていきます。そして、最終的に1つの映像作品としてどのように表示されるかはプレビューで確認することができます。しかし、**実際にライブラリにある素材が加工されて変更されているわけではありません**。プロジェクトファイルで、素材の画像が短くなっていたり文字が挿入されていたとしても、もともとの素材はオリジナルのままの状態で保持されます。

プロジェクトファイルが完成したら、そこからさらに**動画（MP4やWMVなどの形式）として保存して、最終的な「動画」ファイルになります**。この状態になれば、YouTubeやDVDといった媒体で配布可能になります。

メモ

動画として保存すると編集のやり直しができないのはPowerPointでも同じです。

最終的に完成した動画は、文字を入れ替えたり、シーンをカットしたりという**編集が事実上できません**。動画編集のためには、その**加工元になる素材も必要**になるので、これらの**3つの段階すべてのファイルを保存しておく**必要があります。

PowerPointとフォトの役割分担

PowerPointの場合、この**素材となるファイルと設計図となるプロジェクトファイルが1つのPowerPointファイルとして保存**された状態になるので、画質のいい動画や長い動画を作成した場合には**ファイルサイズがかなり大きくなります**。一方で、動画編集ソフトのプロジェクトファイルはあくまで設計図なので、そのファイルサイズは比較的小さなものになります。

そこで、PowerPointとフォトの役割分担としては、**2〜3分程度の少し手の込んだ部分はPowerPointで作成し、それらを最終的につないで1つの動画にするためにフォトを使う**という方法です。こうやって分業していくことで、PowerPointのファイルサイズも小さくすることができ、少し古いパソコンや高性能パソコンでなくても、動画の作成をある程度スムーズに進めることができます。

5-3 フォトの基本的な使い方

ここからは、フォトの基本的な操作方法、編集方法について説明していきます。

フォトは簡易なソフトウェアですが、動画編集ソフトの基本的な考え方は前節でも説明したとおり他の一般的なソフトでも同様です。さらにもっと高度なことができる市販の動画編集ソフトにステップアップしたい場合にも、まず**入門的なソフトウェアとしてフォトを使ってみるのがおすすめ**です。

フォトを起動させる

まず、フォトの起動です。写真を表示させたりするときに意識せずに使っている方も多いと思いますが、**タスクバーの検索ボックスで「フォト」と検索すると簡単に起動**させることができます。もしフォトのアイコンが右の画面とは違う場合には、「ビデオエディター」と検索してみてください（下の「ヒント」も参照）。

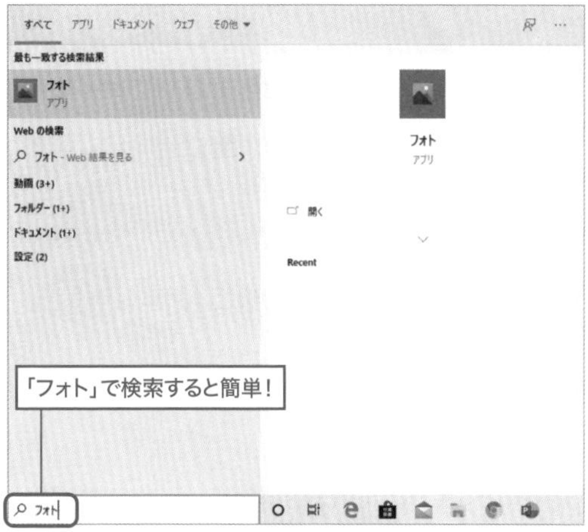

フォトを起動すると、写真などの「コレクション」「アルバム」などのメディアが一覧で表示される画面が立ち上がります。画面右上に**[新しいビデオ]**というメニューがあります。ここから動画編集のための画面に切り替えていきます。

ヒント

少し古いバージョンのフォトを使っている場合、上の画面のように、右上に［新しいビデオ］というメニューがない場合があります（アイコンも違う）。この場合は、古いフォトが入っている可能性があるので、アプリを更新させて最新のフォトにしてみてください。職場等のパソコンで自由にアップデートができない場合は、フォトではなく「ビデオエディター」で検索して、そのアプリを使ってください。最新版フォトでは、アプリが統合されて新しい「フォト」として提供されています。

フォトの画面構成

フォトを起動し、[新しいビデオ] から [新しいビデオプロジェクト] を選択すると、以下のような画面になります。これが基本的な編集画面 (プロジェクトを作成するための画面) です。

左上が**編集のためのビデオクリップや写真などを並べる [プロジェクトライブラリ]** です。編集対象になる素材を一覧で確認できます。

右側は、**編集後にどのように見えるかを確認するためのモニター**です。下の再生ボタンやスライダー等で指定の箇所をプレビューすることができます。

下の **[ストーリーボード] が編集のメイン画面**です。ここに編集対象となる素材をライブラリから配置して、それぞれのビデオクリップの長さを調整したり、文字を挿入したり、順番を入れ替えたりできます。PowerPointのスライドに該当する部分が横に並んでいると考えるとわかりやすいと思います。このストーリーボードは左から右へと時間が流れていくように配置されています。

①[プロジェクトライブラリ] に配置した素材を
②[ストーリーボード] に配置して、編集を実施
③右上のモニターでどのように表示されるか確認

という手順で編集を進めていきます。

基本的な編集画面

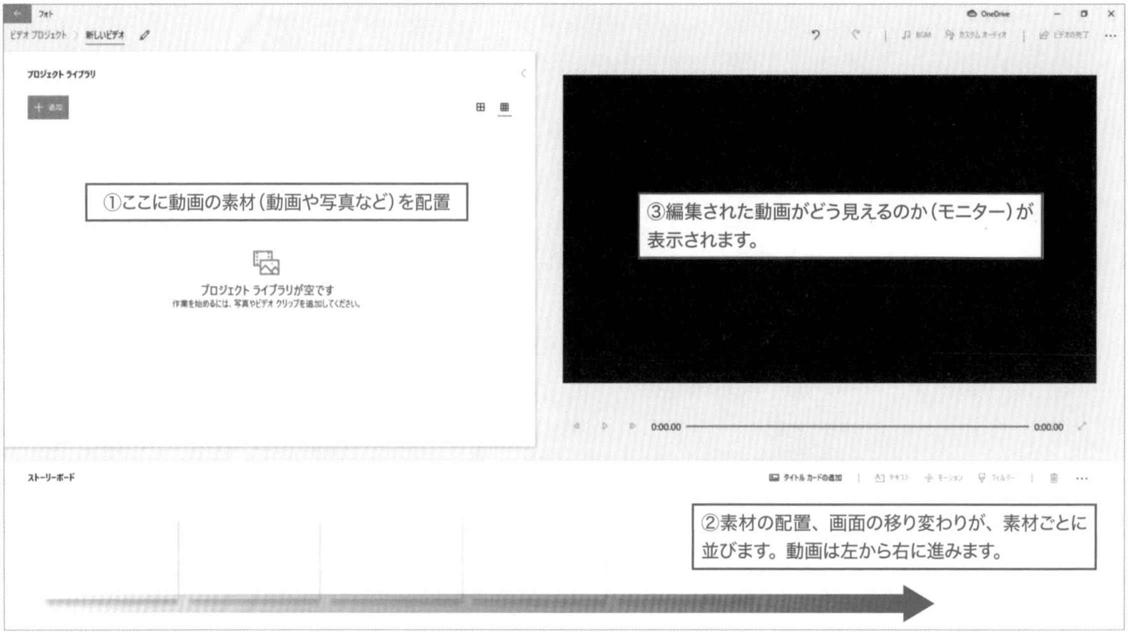

フォト
ビデオ プロジェクト
新しいビデオ
OneDrive
プロジェクト ライブラリ
①ここに動画の素材 (動画や写真など) を配置
プロジェクト ライブラリが空です
作業を始めるには、写真やビデオ クリップを追加してください。
③編集された動画がどう見えるのか (モニター) が表示されます。
0:00.00
0:00.00
ストーリーボード
②素材の配置、画面の移り変わりが、素材ごとに並びます。動画は左から右に進みます。

ヒント

「保存」という概念がない！

フォトを起動し、［新しいビデオ］から［新しいビデオプロジェクト］を選択すると、すぐに、［ビデオの名前を指定］というウィンドウが表示され、名前を指定するよう促されます。これは「プロジェクトファイル」の名前です。また、「保存」というボタンはありません。**フォトは編集すると自動的に編集内容が保存されていく**ので、パソコンの不具合でアプリが停止してしまっても、その場所から編集を再開することができます。

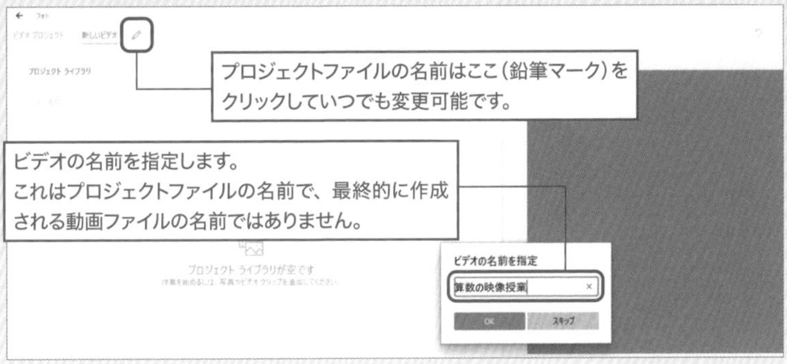
プロジェクトファイルの名前はここ（鉛筆マーク）をクリックしていつでも変更可能です。
ビデオの名前を指定します。
これはプロジェクトファイルの名前で、最終的に作成される動画ファイルの名前ではありません。
ビデオの名前を指定
算数の映像授業
OK
スキップ

［プロジェクトライブラリ］への素材の追加

まずは、**［プロジェクトライブラリ］に素材となるビデオファイルを追加**していきます。

画面左上にある［追加］をクリックすると、ファイルを選ぶ場所を聞かれますが、ここでは「このPCから」を選択して、パソコン内に保存されたファイルを追加します。今回は、第4章で作成したPowerPointの算数（数学）のビデオ教材を追加してみました。

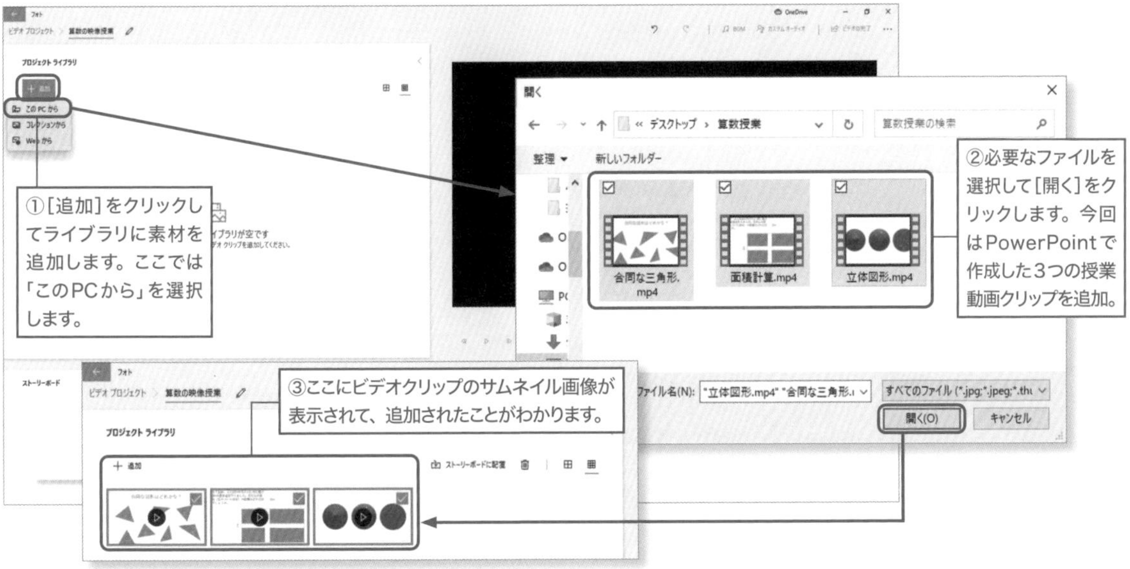
①［追加］をクリックしてライブラリに素材を追加します。ここでは「このPCから」を選択します。
②必要なファイルを選択して［開く］をクリックします。今回はPowerPointで作成した3つの授業動画クリップを追加。
③ここにビデオクリップのサムネイル画像が表示されて、追加されたことがわかります。
開く
デスクトップ › 算数授業
整理
新しいフォルダー
合同な三角形.mp4
面積計算.mp4
立体図形.mp4
開く(O)
キャンセル
プロジェクト ライブラリ
算数の映像授業

[ストーリーボード]への配置と並べ替え

[プロジェクトライブラリ]に追加されたビデオクリップを**[ストーリーボード]に配置して編集**を行います。[ストーリーボード]に追加するには[ストーリーボードに配置]をクリックするか、ライブラリから直接ドラッグして配置します。

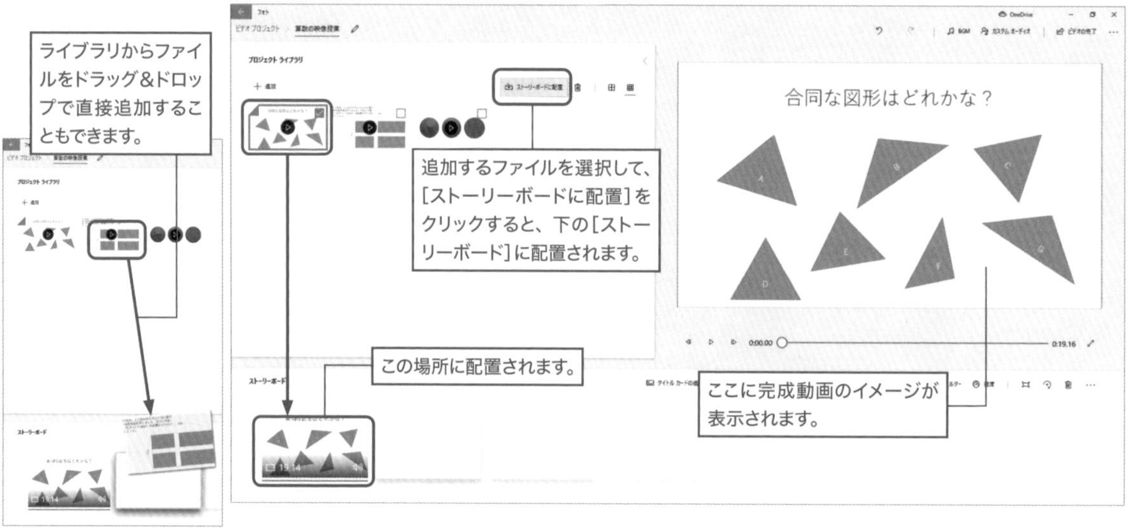
ライブラリからファイルをドラッグ&ドロップで直接追加することもできます。
プロジェクト ライブラリ
追加するファイルを選択して、[ストーリーボードに配置]をクリックすると、下の[ストーリーボード]に配置されます。
合同な図形はどれかな？
0:00.00
0:19.16
この場所に配置されます。
ストーリーボード
ここに完成動画のイメージが表示されます。
19.14

[ストーリーボード]に配置されたそれぞれのビデオクリップは**1つの動画として左から右へと連続して再生**されます。その様子は右上のモニター部分で確認できます。それぞれのビデオクリップには、左下にその映像の長さ(時間)が表示されていますが、画面右上のモニター部分のスライダーには**3つのビデオクリップが1つの動画として完成したときの時間が表示**されます。

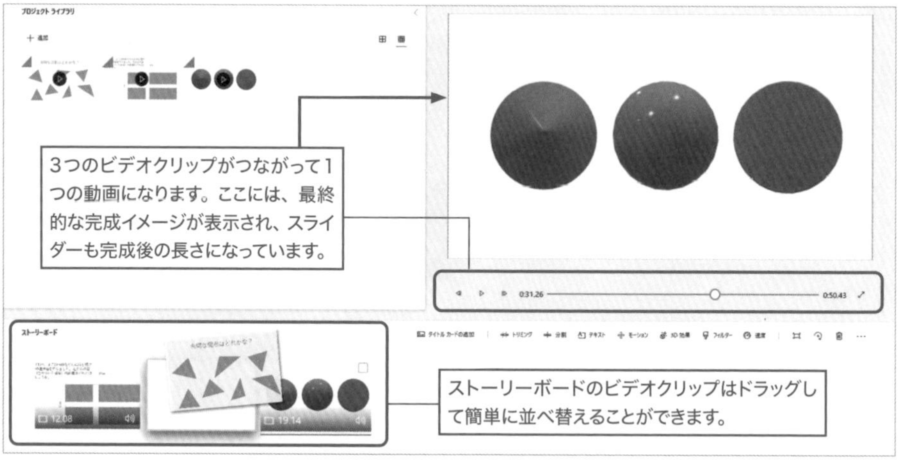
プロジェクト ライブラリ
3つのビデオクリップがつながって1つの動画になります。ここには、最終的な完成イメージが表示され、スライダーも完成後の長さになっています。
0:31.26
0:50.43
ストーリーボード
12.08
19.14
ストーリーボードのビデオクリップはドラッグして簡単に並べ替えることができます。

このように、簡単な手順で複数のビデオを1つのビデオにつなげてまとめることが可能です。

挿入したビデオクリップを編集する

メモ
市販の高度な動画編集ソフトにはかないませんが、ちょっとした調整(トリミングなどの長さ調整、文字の挿入)は簡単な操作で可能です。

ここからはストーリーボードに配置したビデオクリップの編集を行っていきます。フォトには手軽に文字を入れたりBGMを追加したりする編集機能が備わっています。

タイトルの挿入と編集 ―[タイトルカードの追加]

先ほど配置した3つの算数(数学)の映像教材の最初に、それぞれの**タイトルとなる「タイトルカード」を挿入**してみます。

1 [ストーリーボード]の右上のメニューから**[タイトルカードの追加]**をクリックします。すると、このように、無地の背景に「タイトル」と書かれた短い動画が追加されます。

2 追加されたタイトルカードを選択して、同じく[ストーリーボード]右上メニューの[テキスト]をクリックすると、テキストの編集画面に切り替わります。

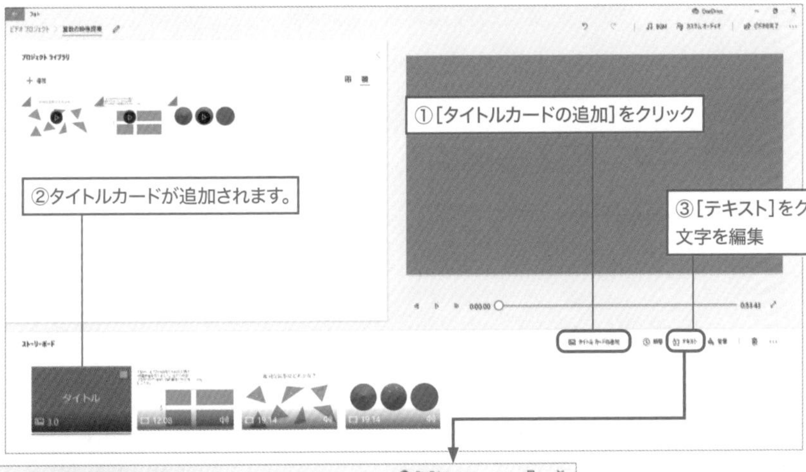

①[タイトルカードの追加]をクリック
②タイトルカードが追加されます。
③[テキスト]をクリックして
文字を編集
タイトル

タイトルカードのテキスト編集画面

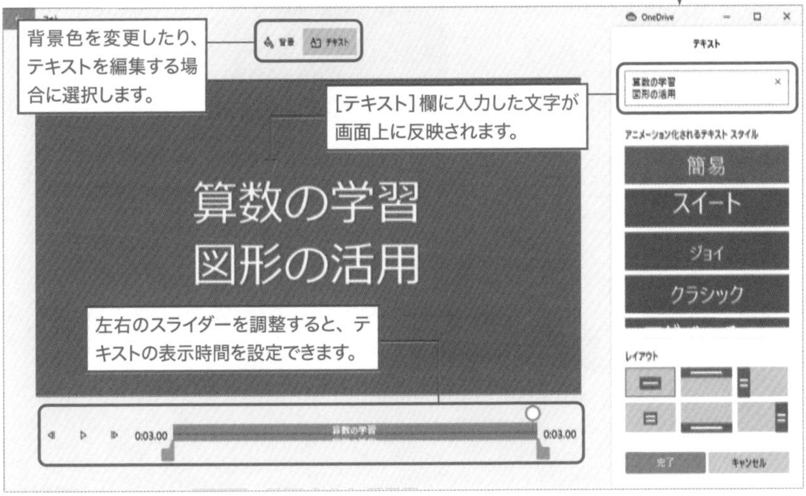

背景色を変更したり、テキストを編集する場合に選択します。
[テキスト]欄に入力した文字が画面上に反映されます。
左右のスライダーを調整すると、テキストの表示時間を設定できます。
OneDrive
テキスト
算数の学習
図形の活用
簡易
スイート
ジョイ
クラシック
レイアウト
完了
キャンセル
0:03.00
0:03.00

3 テキストの編集画面では、背景色を変更したり、テキストの効果を指定したりすることができます。テキストが表示される時間の設定はスライダーを調整して行います。

❹ [アニメーション化されるテキストスタイル] から、あらかじめ用意されているテキストスタイルで簡単にアニメーション効果を追加できます。下の例では「ジョイ」という効果を指定しています。また、テキストの配置場所やスタイルは [レイアウト] から指定できます。

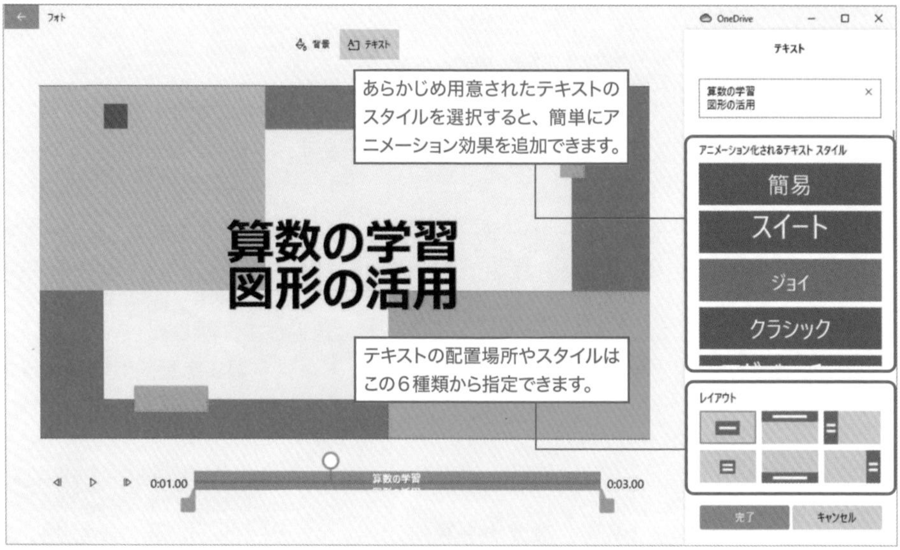

! 注意

テキストは、[レイアウト] で用意されている場所以外には配置できません。

以下の例では、先ほど挿入した3つの映像授業のビデオクリップの間にそれぞれの内容を説明したタイトルカードを挿入し、最初（一番左端）に全体をまとめたタイトル（「算数の学習　図形の活用」）を配置してみました。

⬇ 冒頭とそれぞれのビデオクリップの最初にタイトルカードを挿入

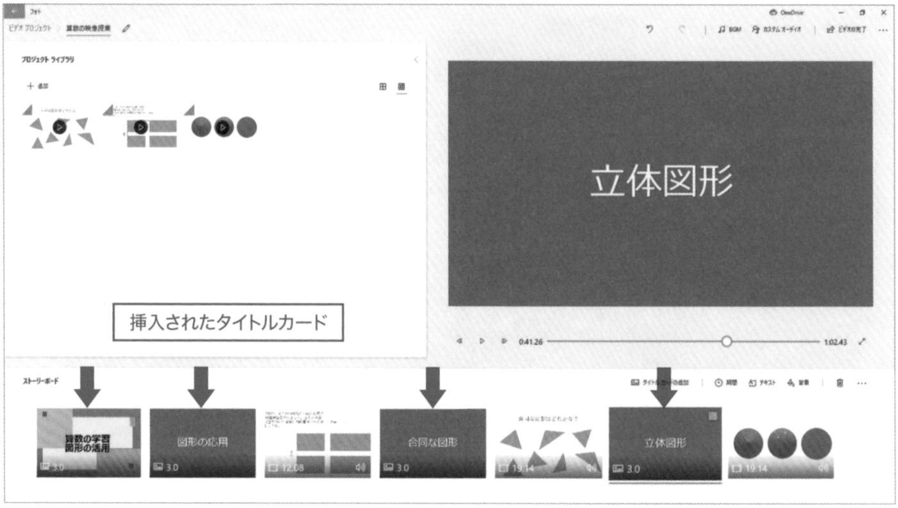

ビデオクリップの長さを調整する ―［トリミング］

ストーリーボードに配置された**ビデオクリップの長さは[トリミング]で調整**できます。

ファイルを選択して、表示されたメニューから
[トリミング]をクリックします。
合同な図形
立体図形

❶ 変更したいビデオクリップを選択して、その上部に表示されたメニューから［トリミング］をクリックします。

➋トリミングの編集画面

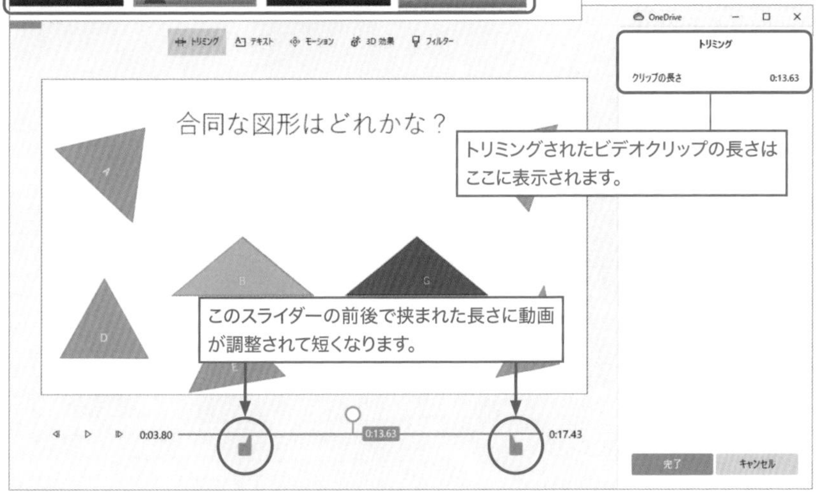
トリミング
クリップの長さ 0:13.63
合同な図形はどれかな？
トリミングされたビデオクリップの長さは
ここに表示されます。
このスライダーの前後で挟まれた長さに動画
が調整されて短くなります。
0:03.80
0:13.63
0:17.43
完了
キャンセル

❷ トリミング用の編集画面が表示されます。画面下のスライダーから左右を調整して動画の前後を切り取ります。スライダーの真ん中に表示されている数字はトリミング後のビデオクリップの長さ（時間）です。

1つのビデオクリップを2つに分ける ―［分割］

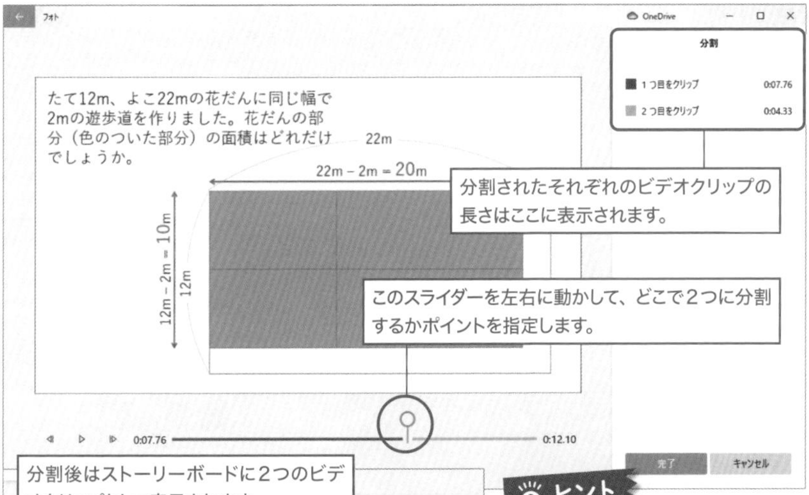
分割
1つ目をクリップ 0:07.76
2つ目をクリップ 0:04.33
たて12m、よこ22mの花だんに同じ幅で
2mの遊歩道を作りました。花だんの部
分（色のついた部分）の面積はどれだけ
でしょうか。
22m
22m − 2m = 20m
12m − 2m = 10m
12m
分割されたそれぞれのビデオクリップの
長さはここに表示されます。
このスライダーを左右に動かして、どこで2つに分割
するかポイントを指定します。
0:07.76
0:12.10
完了
キャンセル

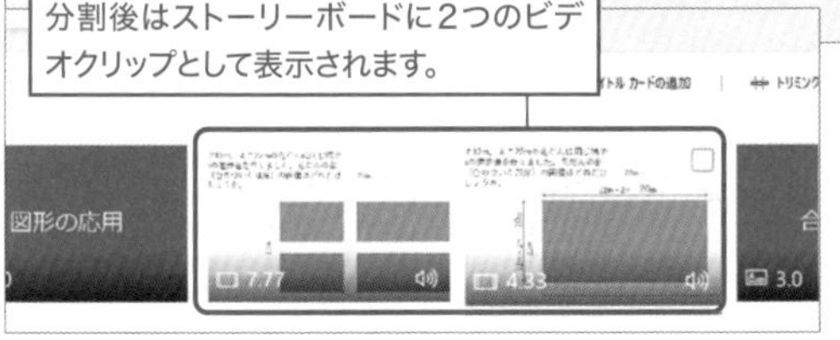
分割後はストーリーボードに2つのビデ
オクリップとして表示されます。
図形の応用

トリミングは1つのビデオクリップの前後の長さを調整する機能でしたが、**「分割」は2つに切り分ける機能**です（実際に元のファイルが分割されるわけではありません）。

中央のスライダーを左右に動かして、2つに分割するポイントを指定します。画面右側に分割後のそれぞれのビデオクリップの長さが表示されます。

ヒント

後述するフォトのテキスト挿入、フィルター効果などは1つのビデオクリップに1つしか設定できません。特定の箇所に複数のテキストを配置する場合には、このようにビデオクリップを分割していく必要があります。

ビデオクリップの画面上に文字を入れる －[テキスト]

参照
PowerPointによる文字の挿入と詳細設定については、第4章99ページ参照。

ビデオクリップの画面上に文字を表示させたい場合には、挿入したいビデオクリップを選択して**[テキスト]**をクリックします。

基本はタイトルカードで文字を挿入した操作と同様です。文字のスタイルやレイアウト、表示させる場所等を調整し[完了]をクリックして挿入していきます。タイトルカード同様に、**あらかじめ決められたスタイルとレイアウトでしか文字を挿入できない**ので、詳細な設定をしたい場合には、PowerPointで動画作成時に事前にしておくことをおすすめします。

テキストの編集画面

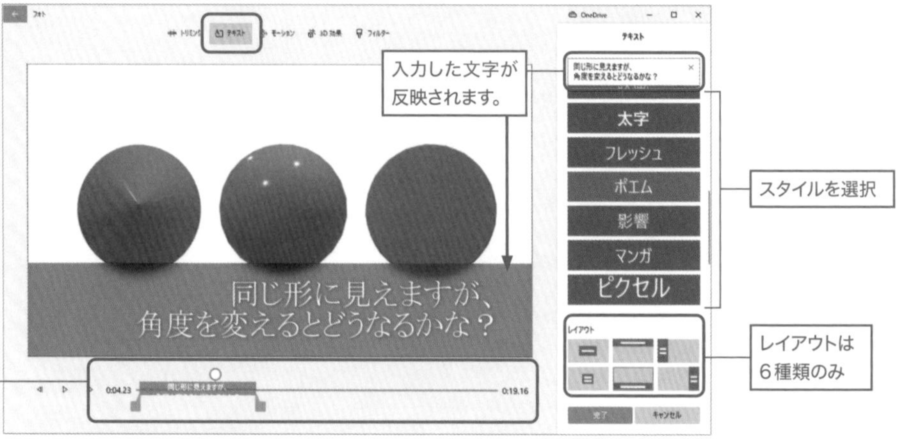
入力した文字が反映されます。
太字
フレッシュ
ポエム
影響
マンガ
ピクセル
スタイルを選択
同じ形に見えますが、
角度を変えるとどうなるかな？
表示させる時間を設定します。
レイアウト
レイアウトは6種類のみ
0:04.23
0:19.16

画面の移動効果を設定する －[モーション]

[モーション]では画面を移動（左右に動かしたり、ズームアップしたり）させる効果を設定します。

動画よりも、写真などでスライドショーの動画を作成する場合に効果的です。下の例では、右下の図をズームアップする（右下に寄って大きくなる）ような効果を選んでみました。

モーションの編集画面

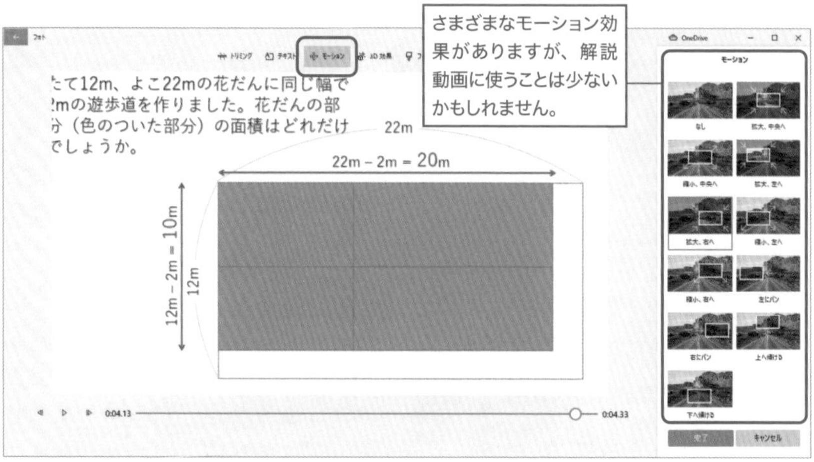
さまざまなモーション効果がありますが、解説動画に使うことは少ないかもしれません。
22m
22m − 2m = 20m
12m − 2m = 10m
12m
0:04.13
0:04.33

3Dモデルを挿入する －[3D効果]

PowerPointにもある3Dモデルですが、フォトの動画編集にも同じように3Dモデルを挿入することができます。

[3D効果] をクリックすると、編集画面が表示され、右側に挿入できる3Dモデルが一覧で現れます。

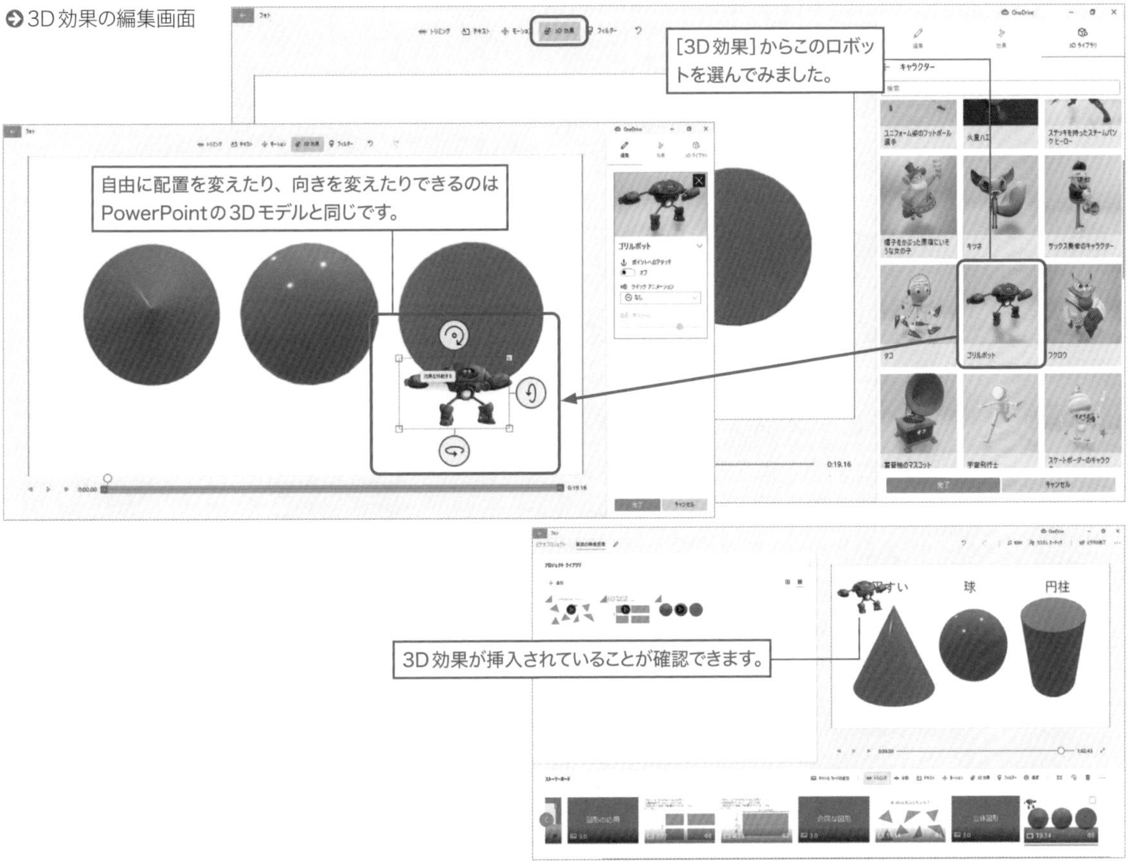

[3D効果]からこのロボットを選んでみました。
自由に配置を変えたり、向きを変えたりできるのはPowerPointの3Dモデルと同じです。
3D効果が挿入されていることが確認できます。
球
円柱

➲3D効果の編集画面

ビデオクリップの色などを調整する －[フィルター]

[フィルター] ではビデオクリップの色などを調整することができます。この例では、「セピア」を選択してみました。

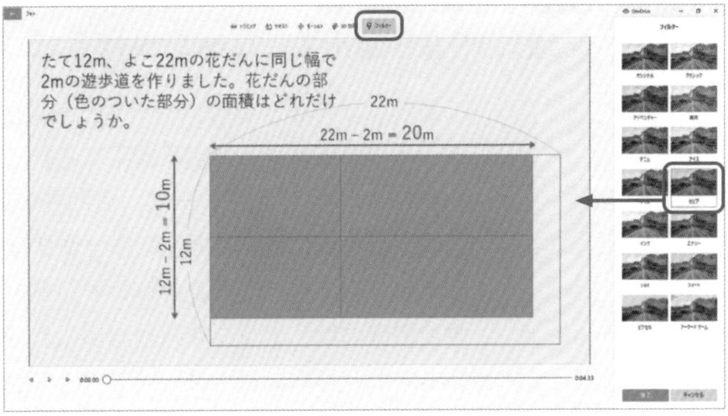

たて12m、よこ22mの花だんに同じ幅で2mの遊歩道を作りました。花だんの部分（色のついた部分）の面積はどれだけでしょうか。
22m
22m − 2m = 20m
12m − 2m = 10m
12m

➲フィルターの編集画面

ビデオクリップの再生スピードを調整する ─［速度］

ビデオクリップが再生されるスピードを調整できます。

［速度］をクリックすると、「遅い」「普通」「速い」が表示され、スライダーで速さの調整を行います。

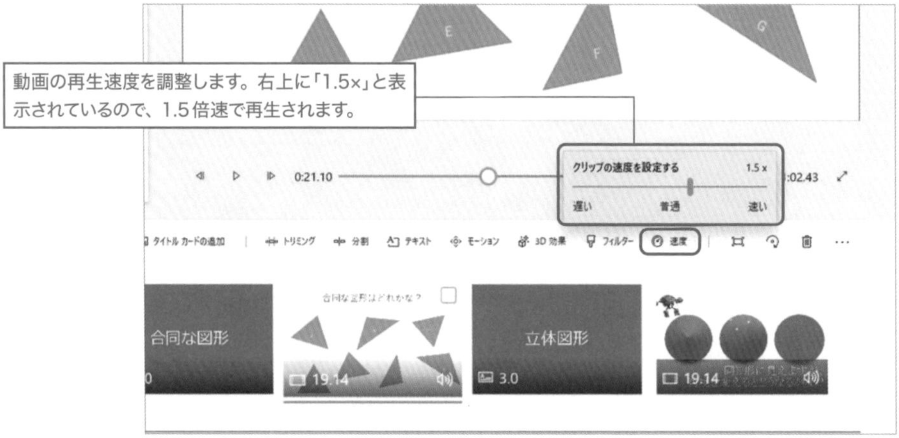
動画の再生速度を調整します。右上に「1.5×」と表示されているので、1.5倍速で再生されます。
クリップの速度を設定する
1.5 x
遅い
普通
速い
0:21.10
合同な図形
立体図形
19.14
3.0

ビデオクリップの向きを変更する ─［ビデオの回転］

ビデオクリップの向きを変更する場合には **［ビデオの回転］**アイコンをクリックします。スマートフォンやデジカメで縦向きに撮影した動画を挿入した場合など、方向を調整することができます。

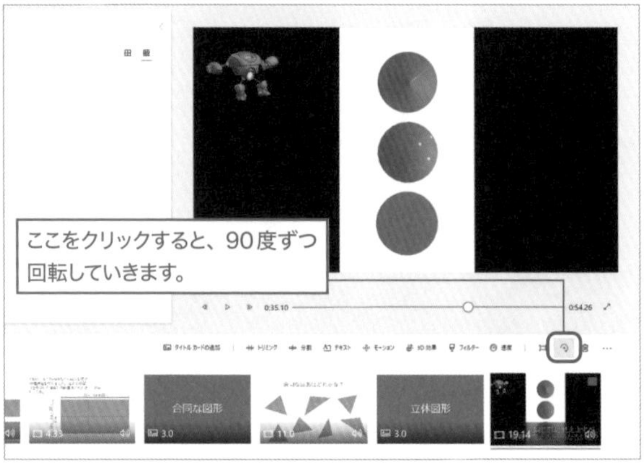
ここをクリックすると、90度ずつ回転していきます。

BGMを設定する
─最終的なBGMはこちらでつけるほうが楽

動画全体にBGMを入れたい場合は、画面右上の**［BGM］**をクリックするとフォトであらかじめ用意されている音楽を入れることができます。

［BGMの選択］画面の一覧から動画に挿入したい曲を選びます。このとき、**［ビデオを音楽のビートに同期する］にチェックを入れると、設定した編集が崩れてしまう**ことがあります（音楽の拍子に合わせて自動的に再編集されるためです）。**授業動画や解説動画の場合にはチェックを入れないことをおすすめ**します。

一方で、写真などのスライドショーを作成する場合には、音楽に合わせて画面が切り替わるので、より魅力的な映像効果を演出できます。目的に応じて使い分けてください。

OneDrive
BGM
カスタム オーディオ
ビデオの完了
BGMを入れたい場合は[BGM]をクリック

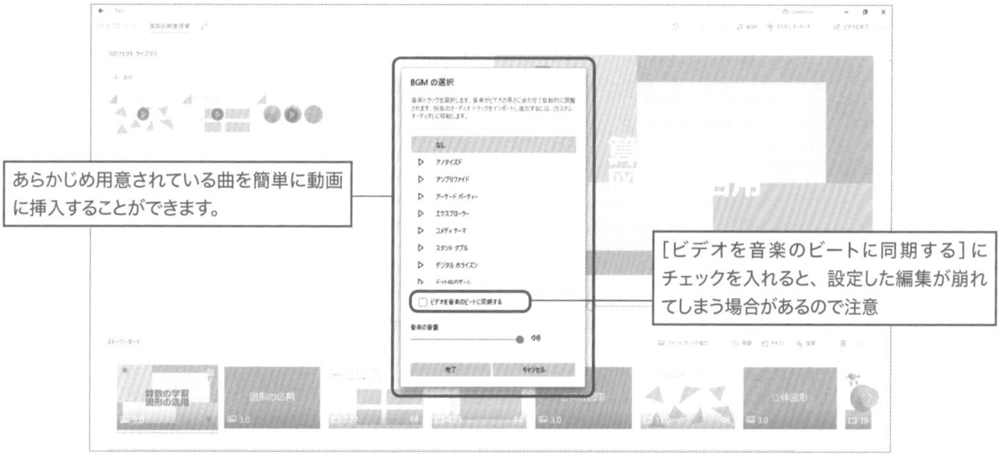
BGM の選択
あらかじめ用意されている曲を簡単に動画に挿入することができます。
[ビデオを音楽のビートに同期する]にチェックを入れると、設定した編集が崩れてしまう場合があるので注意

自分で用意した音源を入れたい場合 – [カスタムオーディオ]

あらかじめ用意された以外の音(BGMも含む)を入れたい場合には**[カスタムオーディオ]**をクリックします。

カスタムオーディオの編集画面に切り替わるので、右側の[オーディオファイルの追加]をクリックするか、オーディオファイルを直接ドラッグして、音(効果音、音楽等)を追加できます。

どの場所で再生するかは、画面下のスライダーで調整できます。また、1つのビデオクリップに複数の音を配置できます。

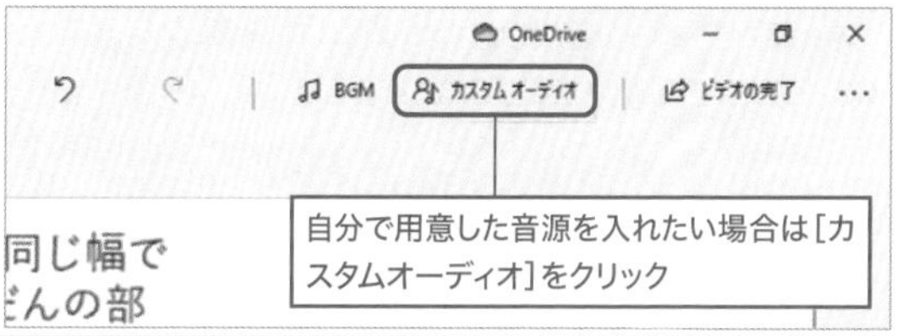
OneDrive
BGM
カスタム オーディオ
ビデオの完了
自分で用意した音源を入れたい場合は[カスタムオーディオ]をクリック

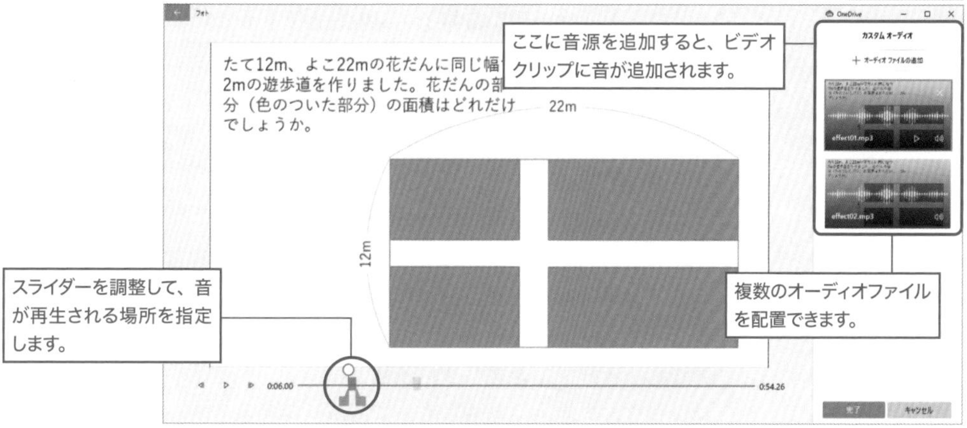
カスタム オーディオ
ここに音源を追加すると、ビデオクリップに音が追加されます。
たて12m、よこ22mの花だんに同じ幅
2mの遊歩道を作りました。花だんの部
分（色のついた部分）の面積はどれだけ
でしょうか。
22m
12m
effect01.mp3
effect02.mp3
スライダーを調整して、音が再生される場所を指定します。
複数のオーディオファイルを配置できます。
0:06.00
0:54.26

ビデオを1つの動画として保存する

参照

ビデオの画質については第2章43ページを参照。

編集がすべて終了して、1つの動画として保存する場合には、画面右上にある**[ビデオの完了]**をクリックします。

表示される[ビデオの完了]画面で、ビデオの画質を指定します。

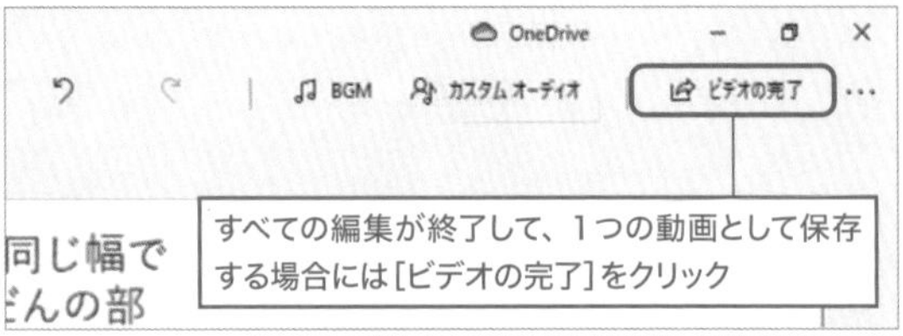

すべての編集が終了して、1つの動画として保存する場合には[ビデオの完了]をクリック

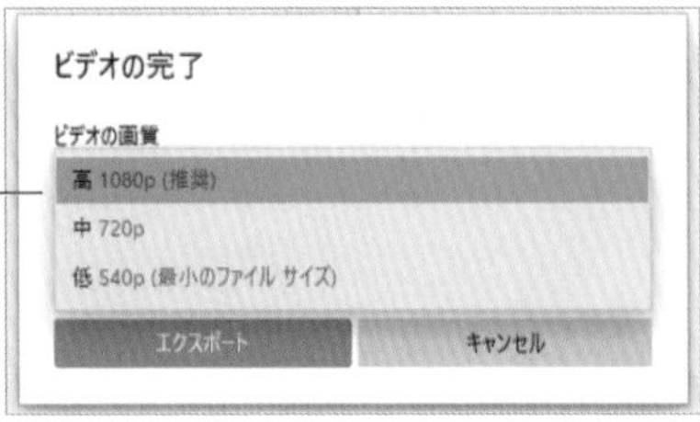

ビデオの画質を指定します。

フォトではできないこと

フォトは簡易な動画編集ソフトなので、手軽に動画編集できるのが魅力である一方、手軽であるがゆえにその**機能も大きく制限**されています。

メモ

現在はこのように機能が制限されてはいますが、アップデートの際に機能が追加される可能性もあります。

すでに編集機能についての各項目内でも説明していますが、フォトでは文字の大きさの変更や自由な配置ができません。また、ビデオクリップが切り替わるときの効果（たとえば、フェードアウトやワイプで画面が切り替わる等）もありません。文字の配置やフィルター等の特別な効果も1つのビデオクリップに対して1つまでしか設定できませんし、動画を複数のレイヤー（層）にして重ねることもできません。

このように書くと、できないことだらけのようにも見えますが、逆に、**機能を制限しているからこそ手軽に直感的に操作できるのもフォトの魅力**です。

詳細な画面構成やアニメーションなどはPowerPointを活用してビデオクリップ化して、それらを**フォトでつないで1つの動画にする**というような使い方をしていくと、非常に効率的に動画を作成できるようになっていきます。

また、今回はフォトについて説明しましたが、他の市販の動画編集ソフトでも同様にPowerPointで作成したデオクリップなどを素材として活用することで、効率的な動画作成ができます。

一昔前であれば、映像作品を作るというのは、大きな手間と時間、そして高価なソフトウェアと特殊な技術が必要でした。

ところが、PowerPointと動画編集ソフトを組み合わせると、工夫次第で驚くような映像作品が手軽にできてしまいます。

ぜひ皆さんの工夫を凝らした授業動画、解説動画を作成してみてください！

Column

著作権について

一般的な著作権の考え方

著作権は「知的財産」のひとつであり、著作権法により保護され、さまざまなルールが定められています。特許、意匠、商標といった産業財産権と違い、**著作権は「著作物」を創作した段階で自動的に権利が発生**します。

著作物を作成した著作者を保護することが目的であるため、著作者の承諾なく著作物を使用することができないのが基本ですが、私的使用のための複製(法第30条)、図書館棟における複製等(法第31条)、引用(法第32条)などが認められています。

一般に、学校などの**教育機関での利用は適用外だと誤解**されている方も多いですが、法第35条には次のように記載されています。

「第三十五条　学校その他の教育機関(営利を目的として設置されているものを除く。)において教育を担任する者及び授業を受ける者は、その授業の過程における利用に供することを目的とする場合には、その必要と認められる限度において、公表された著作物を複製し、若しくは公衆送信(自動公衆送信の場合にあっては、送信可能化を含む。以下この条において同じ。)を行い、又は公表された著作物であって公衆送信されるものを受信装置を用いて公に伝達することができる。ただし、当該著作物の種類及び用途並びに当該複製の部数及び当該複製、公衆送信又は伝達の態様に照らし著作権者の利益を不当に害することとなる場合は、この限りでない。」

また、同法第35条第2項には、

「2　前項の規定により**公衆送信を行う場合**には、同項の教育機関を設置する者は、相当な額の補償金を著作権者に支払わなければならない。」

とあり、**インターネット等でのオンライン授業では、相当な額の補償金を支払う**旨が定められています。

参考となるウェブサイト

◉文化庁「著作権」

https://www.bunka.go.jp/seisaku/chosakuken/index.html

著作権制度全体、法改正等について最新の情報を得ることができます。

◉5分でできる著作権教育

(公益社団法人著作権情報センター(CRIC)／一般社団法人日本教育情報化振興会(JAPET))

http://chosakuken.jp/

学校での著作権教育に関する情報・資料が数多く網羅的に掲載されています。特に、小学校、中学校、高校別に用意されている教材は著作権教育に携わる教員の方におすすめです。

◉学校教育と著作権

https://www.cric.or.jp/qa/cs01/

理解が難しく誤解されがちな学校現場での著作権について、Q&A形式でわかりやすく解説されています。学校で具体的に起きそうな問題が列挙されているので、教員の方は必読です。

◉SARTRAS　一著作物の教育利用（オンライン配信）に関する制度（授業目的公衆送信補償金制度）

（一般社団法人授業目的公衆送信補償金等管理協会 SARTRAS）

https://sartras.or.jp/

これまで、ネットワークを利用した教材配信では、授業内での利用（教育目的）でも、いわゆる「引用」には該当せず、個々の権利者の承諾が必要でした。その解決のために改正された著作権法（2018年5月改正）により創設された新制度のページ。新制度は2020年4月にスタートしましたが、新型コロナウイルス感染対策によるオンライン授業急増という事態から、特例措置として1年間無償で運用されてきました。2021年4月からは有償での運用がはじまるため、オンライン授業等を実施している教育機関は必読の情報です。

◉SARTRAS　一改正著作権35条運用指針

https://forum.sartras.or.jp/info/004/

改正著作権法の「授業目的公衆送信補償金制度」（ネットワークによる授業配信のための補償金制度）に関する運用指針の公式情報を取得することができます。

◉著作権とよく混乱する特許等についてはこちら

特許庁

https://www.jpo.go.jp/system/basic/index.html

著作権と特許（産業財産権）はどちらも知的財産権ですが、運用や考え方などが異なります。それらの違いをわかりやすく解説しています。

補足

音声に関する機能のまとめと図形描画のコツ

ナレーションから効果音、BGMまで、動画作成には欠かせない音声（オーディオ）機能についてまとめました。また、PowerPointは一般の描画ツールに劣らないほど便利で高機能な図形ツールを備えています。これら機能の基本的な使い方と活用法を、授業等における動画作成という視点で紹介したいと思います。

補足-1
音声(オーディオ)の挿入に関する機能のまとめ

この節では、PowerPointによる動画作成にあたって押さえておきたい「音声(オーディオ)」に関する考え方をまとめておきます。

PowerPointには、音声ファイルを挿入してスライドショー時に再生するという機能がもともと備わっています。挿入したこれらの音声は、最終的にPowerPointのスライドショーを動画として保存すると、動画の中の音声として再生されます。

スライドに音声を取り込む方法は大きく分けて3つあります。作成する動画の目的やパソコンの環境に応じて工夫することで、効率的な動画作成を行うことができます。

メモ

音声を録音・再生するためには、パソコンにサウンドカード、マイク、スピーカーが必要です。

方法1

「スライドショーの記録」時に音声を録音する

第2章で詳細を扱いましたが、「スライドショーの記録」時に、パソコンに接続された(または内蔵された)マイクを通して録音ができます。**録音された音声は、「オーディオアイコン(スピーカー型のアイコン)」としてスライド上に挿入**されます。なお、**カメラで映像も撮影した場合には、音声付きのビデオ映像としてスライドに挿入**されます。

基本的に外部マイクから入ってくる音声はすべて記録・挿入されます。録音(録画)されたタイミングでスライドショー実行時に再生されるので、手軽に音声をスライドに設定することができます。また、最終的にPowerPointの**スライドショーを動画として保存した場合にも、録音(記録)したタイミングで動画中で再生されます**。複雑な編集作業は必要ありません。

参照

「スライドショーの記録」については、第2章で詳細を扱っているので、合わせて参照してください。

メモ

この記録方法はPowerPoint2019以降と、Microsoft365(旧Offce365)のみで有効です。

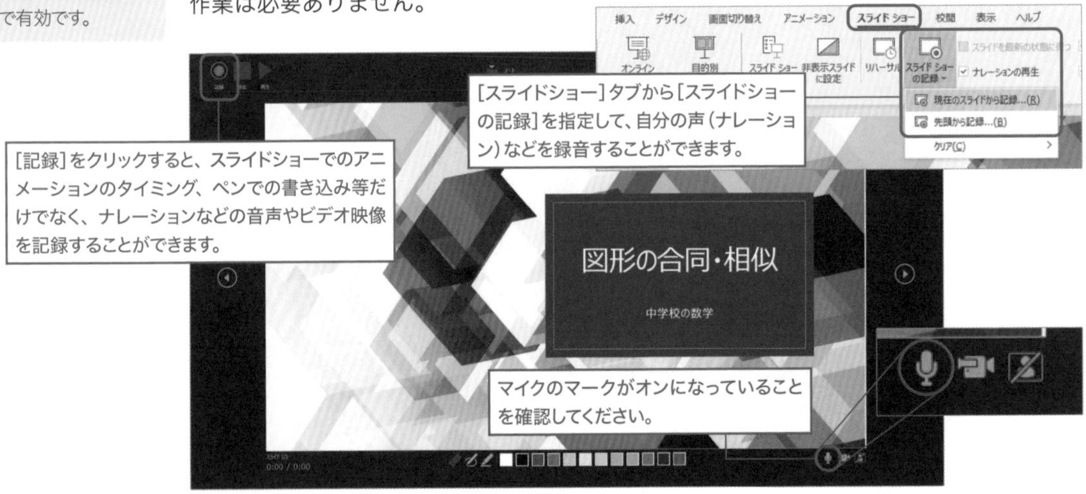
[スライドショー]タブから[スライドショーの記録]を指定して、自分の声(ナレーション)などを録音することができます。
[記録]をクリックすると、スライドショーでのアニメーションのタイミング、ペンでの書き込み等だけでなく、ナレーションなどの音声やビデオ映像を記録することができます。
マイクのマークがオンになっていることを確認してください。
図形の合同・相似
中学校の数学

［スライドショーの記録］画面の右上にある**［設定］をクリックすると、マイク、カメラのメニューが表示されます**。ここには、**使用中のパソコンで利用可能なマイクやカメラが一覧で表示され、どれを利用するのかを選択**できます。下図では、3つのマイクが接続（または内蔵）されていて、その中で1番上のマイクを選択して録音していることがわかります。

なお、カメラの場合も同様に、複数接続されている場合は選択することができます。

➲［スライドショーの記録］画面の［設定］からマイクを選択

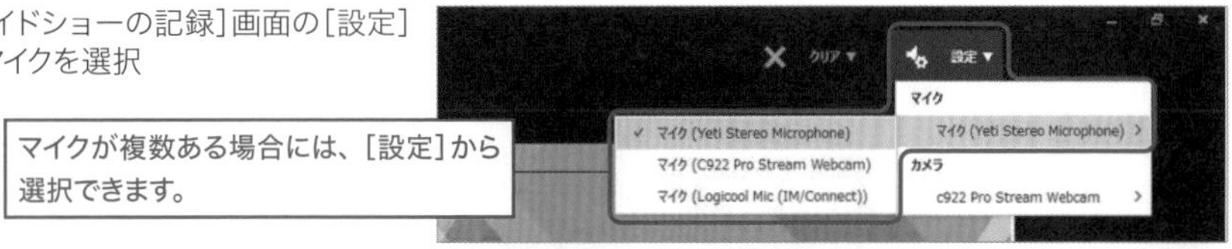

マイクが複数ある場合には、［設定］から選択できます。
クリア
設定
マイク
マイク (Yeti Stereo Microphone)
マイク (C922 Pro Stream Webcam)
マイク (Logicool Mic (IM/Connect))
カメラ
c922 Pro Stream Webcam

➲ カメラが複数接続されている場合も選択可能

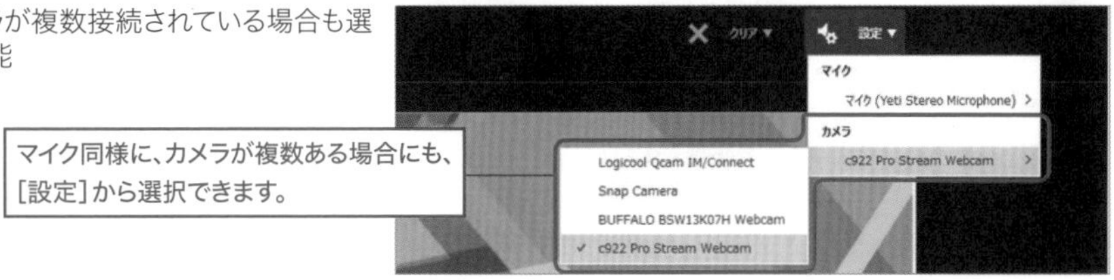

マイク同様に、カメラが複数ある場合にも、［設定］から選択できます。
クリア
設定
マイク
マイク (Yeti Stereo Microphone)
カメラ
c922 Pro Stream Webcam
Logicool Qcam IM/Connect
Snap Camera
BUFFALO BSW13K07H Webcam
c922 Pro Stream Webcam

➲［スライドショーの記録］で音声のみを記録した場合

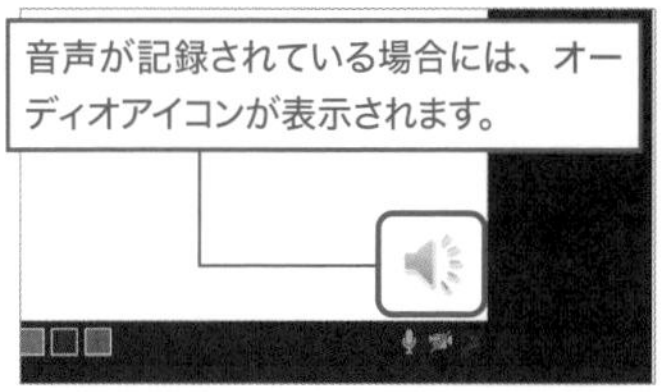

音声が記録されている場合には、オーディオアイコンが表示されます。

カメラがついていない（接続していない）パソコンの場合、または、カメラをオフにして音声だけを入れてスライドショーを記録した場合、記録後は**画面右下にオーディオアイコン（スピーカー型のオブジェクト）が表示**され、音声が記録されていることがわかります。

注意

このオーディオアイコンは、スライドショー時や動画として保存した場合には表示されません。

オーディオアイコン（スピーカー型のアイコン）をクリックして、オーディオの**［再生］タブを選択**すると、ビデオの場合と同様に、音声を確認したり音量やトリミング（長さの調整）をしたりすることができます。

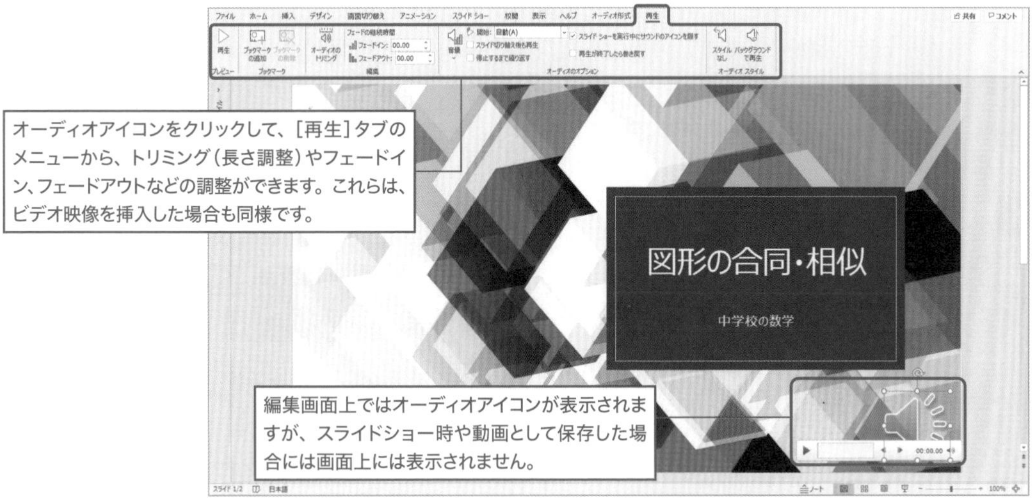

オーディオアイコンをクリックして、［再生］タブのメニューから、トリミング（長さ調整）やフェードイン、フェードアウトなどの調整ができます。これらは、ビデオ映像を挿入した場合も同様です。
編集画面上ではオーディオアイコンが表示されますが、スライドショー時や動画として保存した場合には画面上には表示されません。
図形の合同・相似
中学校の数学

方法2

[挿入]タブからスライドに音声を追加する

前項の「スライドショーの記録」以外にも、**[挿入]タブから[オーディオ]のメニューを選ぶ**ことで簡単に音声を追加したり、直接録音したりすることができます。

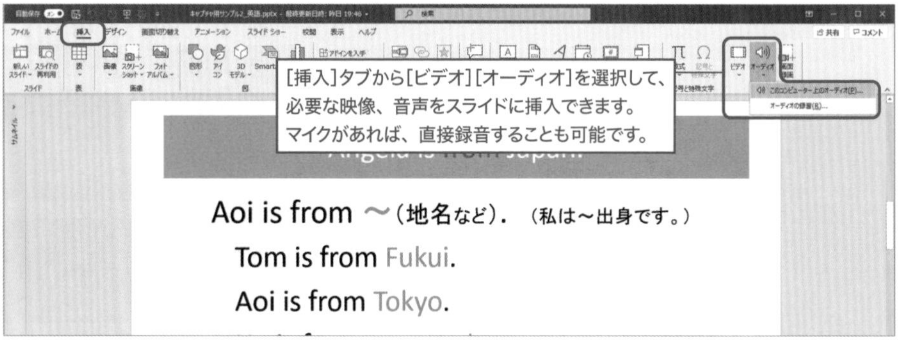

あらかじめ自分で用意してパソコンに保存してある音声(オーディオ)ファイルをスライドに追加する場合は、[挿入]タブから[オーディオ]をクリックして、**[このコンピューター上のオーディオ]**を選択し、表示される[オーディオの挿入]画面で、追加する音声ファイル(音楽など)を指定します。

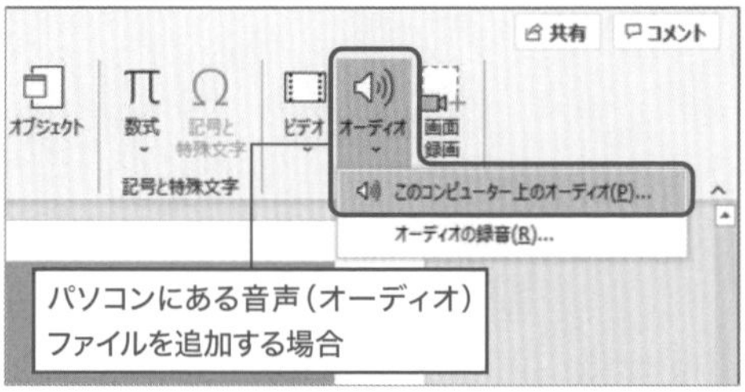

◀◀ 参照

[オーディオの挿入]で指定できる音声ファイルの形式については、次ページの「ヒント」欄を参照。

[オーディオの録音]を選択すると、[サウンドの録音]というダイアログボックスが表示され、**マイクから直接録音**することができます。オーディオファイルとして記録する名前を付けて、● [録音ボタン]を押すと録音が開始されます。

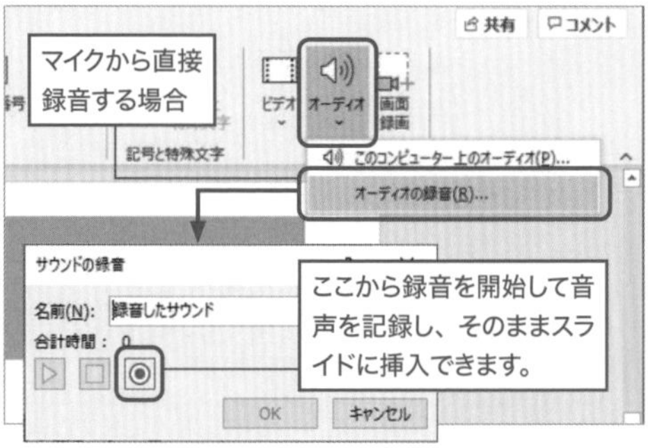

! 注意

音声を録音するためには、マイクが接続され、有効になっている必要があります。

終了すると、録音されたファイルはPowerPointのスライド上に**オーディオアイコンとして挿入**されます。このファイルは、ビデオファイル等と同様に、選択して[再生]タブから、トリミングで長さを調整したり、音量の調整をしたりすることができるようになります。

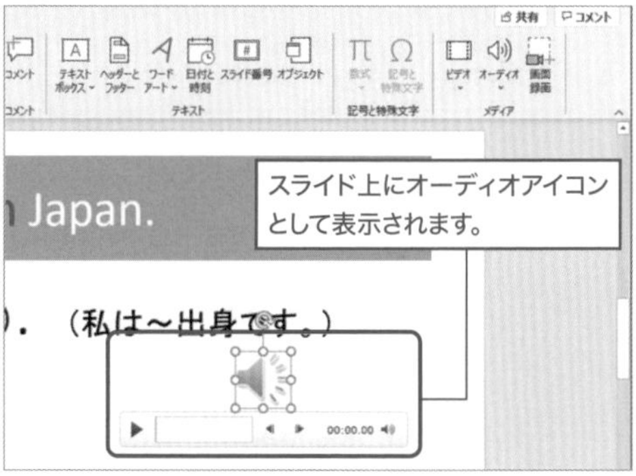

◀◀ 参照

音声の長さや音量などの調整の方法については第3章60ページ参照。

ヒント

PowerPointでサポートされているオーディオファイル形式は次のとおりです（カッコ内は拡張子）。

AIFFオーディオファイル（.aiff）、AUオーディオファイル（.au）、MIDIファイル（.mid、.midi）、MP3オーディオファイル（.mp3）、Advanced Audio Coding-MPEG-4オーディオファイル（.m4a、.mp4）、Windowsオーディオファイル（.wav）、Windows Mediaオーディオファイル（.wma）

方法３

アニメーションの実行（再生）時の音声を設定する

これまで述べてきた以外で、PowerPointで音声を挿入・再生できる箇所としては、**アニメーションの実行（再生）時**があります。アニメーションを実行させるタイミングで音声を再生するためには、**［アニメーションウィンドウ］の［効果のオプション］から再生する音声を指定**します。

アニメーションを実行させるタイミングで、音声を再生できる

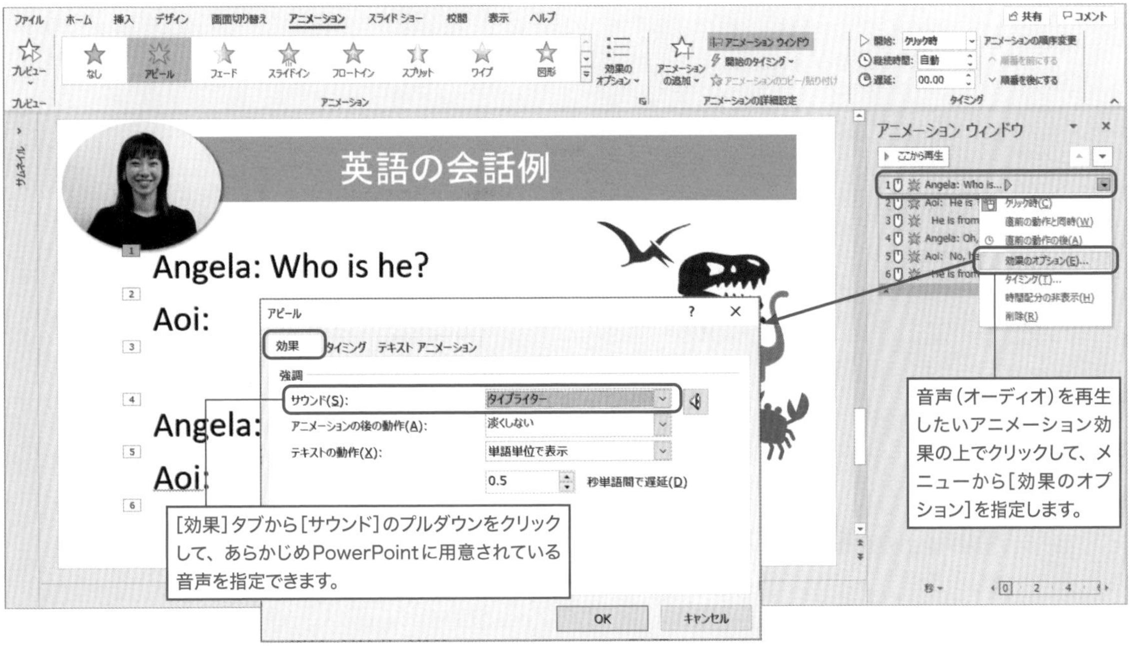

注意

この方法の場合には、wav形式しか扱えません。

参照

あらかじめ用意しておいた音声ファイルを設定した例については、第4章98ページ参照。

また、［サウンド］のプルダウンメニューから**［その他のサウンド…］を選ぶと、パソコン内に保存されている音声ファイルを指定**できます。

たとえば、このスライドの英文が表示されるタイミングで、あらかじめ用意しておいた読み上げ音声を再生するということも可能になります。

［その他のサウンド…］を選択すると、あらかじめ用意しておいた音声ファイルを再生することも可能

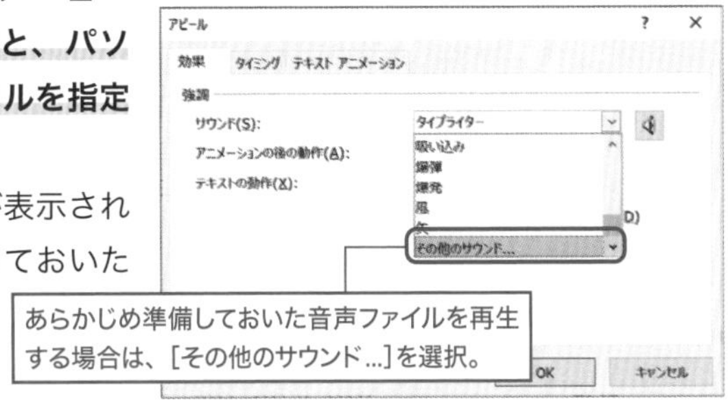

補足-2
授業教材作りで役立つ「図形」描画のコツ

PowerPointでは、**[挿入] タブの [図形]** から、あらかじめ準備されているさまざまな図形を簡単に挿入することができます。授業教材等で必要な図のほとんどはこれらの図形を組み合わせて作成することが可能です。そして、ちょっとしたコツや描画方法を知ることで、効率的に新たな図を作成することができます。

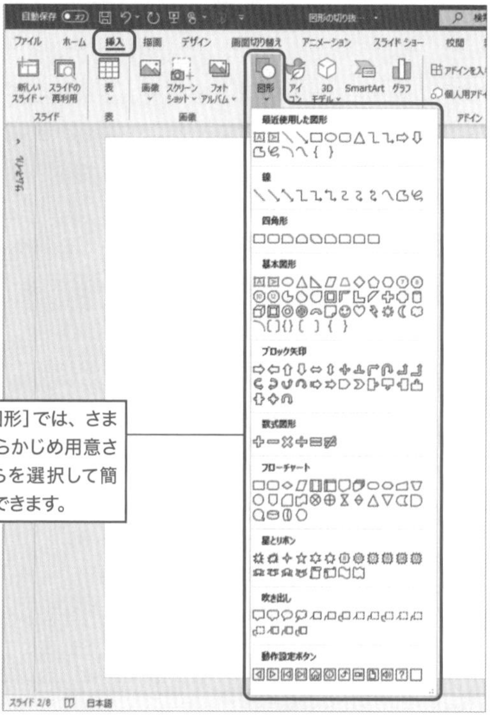

[挿入] タブの [図形] では、さまざまな図形があらかじめ用意されており、これらを選択して簡単に図形を描画できます。

「図形」描画の基本 ―正三角形、正方形、円の作成方法

図形を描画するには、**[挿入] タブから [図形] を選択し、挿入したい図形をクリックして、スライド上の配置したい場所でドラッグ**します。このとき、Shift **キーを押しながらドラッグすると、縦横比を固定したまま挿入することができる**ので形が崩れません。

これを応用して、簡単に正三角形、正方形、円を描画することができます。

正三角形を描画する場合を例として示します。[挿入] タブから [図形] をクリックして、「基

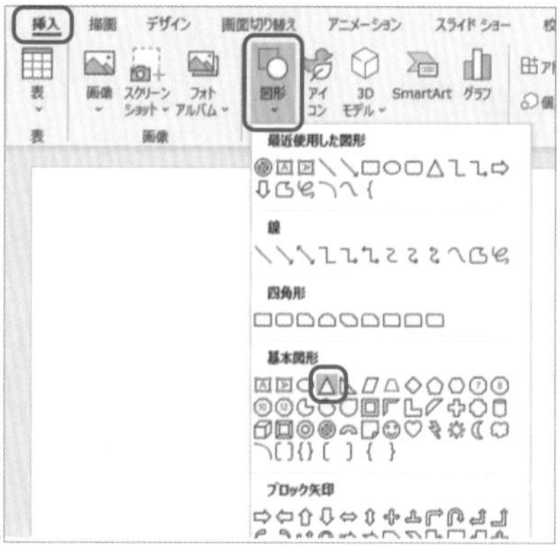

本図形」から「二等辺三角形」を選びます。

そのままドラッグすると「二等辺三角形」となるので、三辺が等しくなるようにマウスで調整しながら描くことになりますが、このままでは正確な正三角形にはなりません。

そこで、Shift **キーを押しながらドラッグ**すると、縦横比が1：1で固定されたまま、簡単に正確な正三角形を描くことができます。

同様に、円の場合には、「基本図形」から「楕円」を選択し、Shift キーを押しながらドラッグすることで、正確な円を描くことができます。

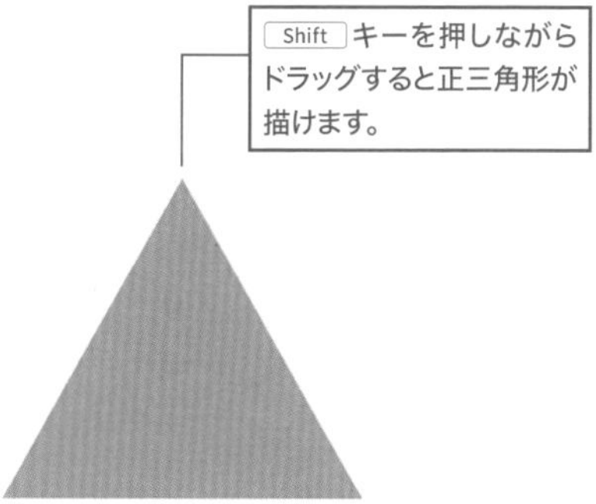
Shift キーを押しながらドラッグすると正三角形が描けます。

左は自由にドラッグして描画した図形。
右は Shift キーを併用して縦横比を一定にした図形

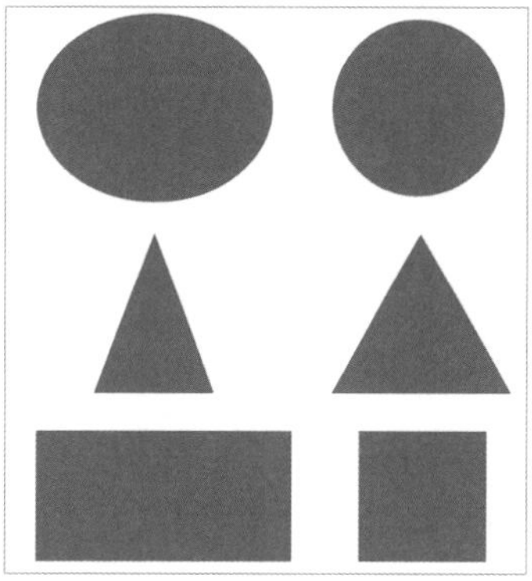

図形の編集 ―頂点の編集で微調整

作成した図形は、**「頂点」を編集することで自由な形に変形**することができます。

編集したい図形をクリックして、**［図形の書式］タブから［図形の編集］-［頂点の編集］**を指定します。すると、下図のように、三角形の頂点が表示され、頂点をマウスでドラッグして形を自由に変えることができます。

これで、自分が意図した三角形の形（傾きや角度など）に調整できます。

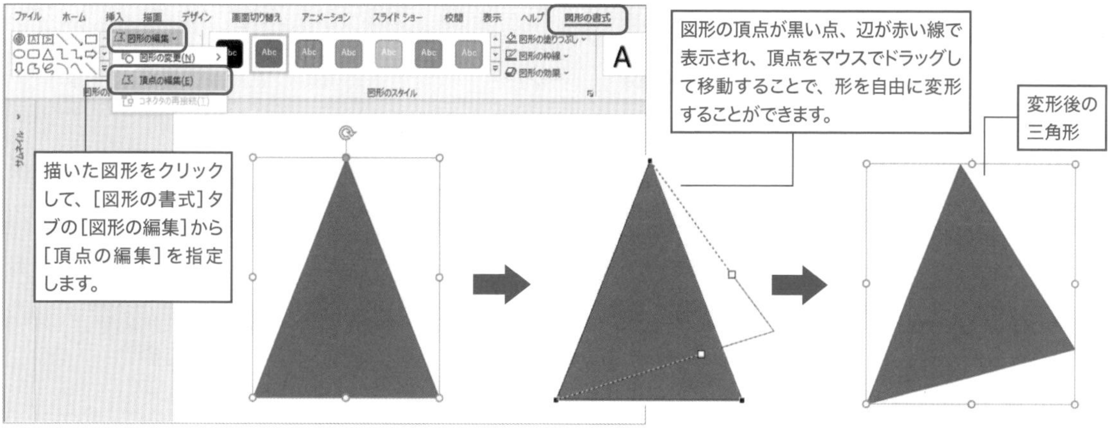
図形の書式
図形の編集
頂点の編集(E)
描いた図形をクリックして、［図形の書式］タブの［図形の編集］から［頂点の編集］を指定します。
図形の頂点が黒い点、辺が赤い線で表示され、頂点をマウスでドラッグして移動することで、形を自由に変形することができます。
変形後の三角形

図形の切り抜きで、自由な図形を簡単に作成

頂点を編集する方法以外に、**図形を切り抜いて自由な形を作成**する方法があります。ちょうどハサミやカッターなどで切り抜いたり型抜きしたりするようなイメージで図形を切り取っていきます。

図形の切り抜きの基本

図形を切り抜くには、**切り取られる図形、切り取るための型になる図形の2つが必要**です。ここでは、わかりやすいように、色が違う2つの図形─長方形（青色）と円（茶色）を用意しました。

この図形を、切り抜きたい形になるように重ねます。

重ねたあとに、2つの図形を選択した状態で、**［図形の書式］タブから［図形の結合］**をクリックして、切り出し方を選択します。図形が重なっている線で切り取ってバラバラにするのであれば、**「切り出し」がおすすめ**です。

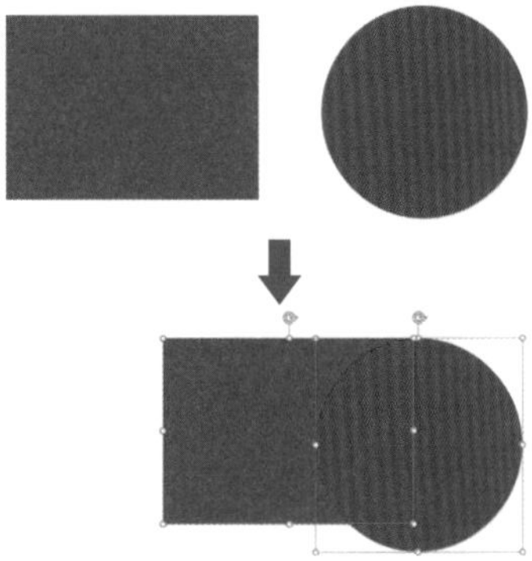

メモ

Ctrl キーまたは Shift キーを押しながら2つの図形を1つずつクリックすると、簡単に複数の図形を選択できます。

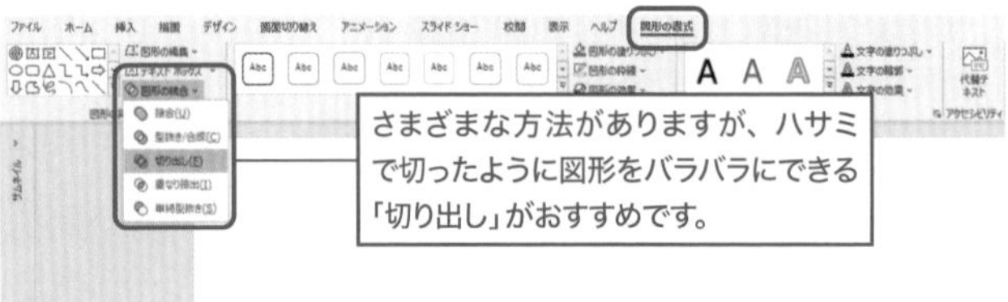

さまざまな方法がありますが、ハサミで切ったように図形をバラバラにできる「切り出し」がおすすめです。

「切り出し」を指定すると、図形が重なっている線で切り取られて分離し、複数の新しい図形になります。

ここから、必要なものだけを残して利用したり、さらに切り出して、自分の意図する図形に変形させることができます。

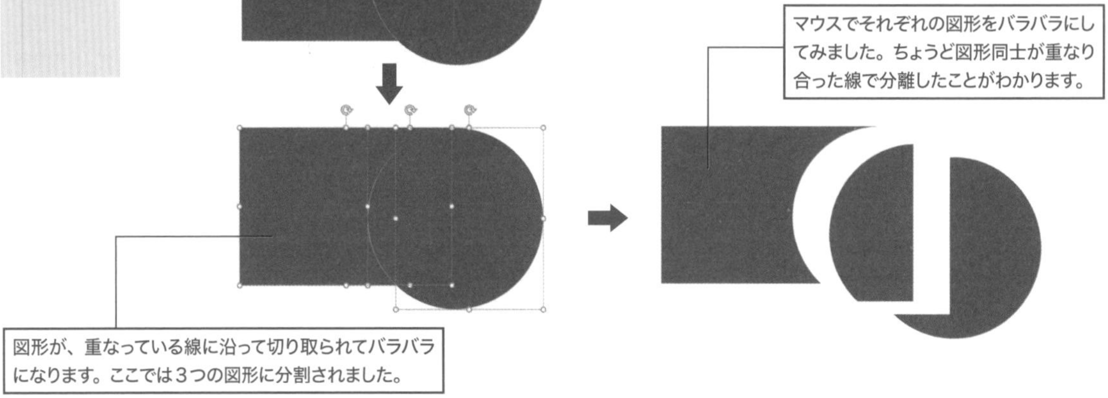

マウスでそれぞれの図形をバラバラにしてみました。ちょうど図形同士が重なり合った線で分離したことがわかります。
図形が、重なっている線に沿って切り取られてバラバラになります。ここでは3つの図形に分割されました。

たとえば、下記のように円と三角形を重ねて、円の一部が切り取られているような図形を簡単に描くこともできます。

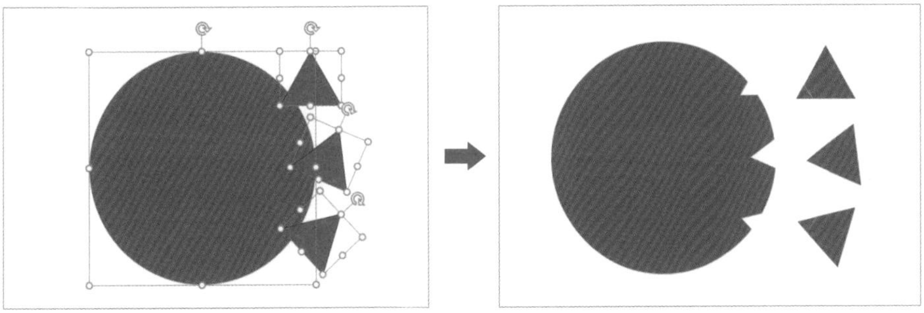

写真などの素材への応用

前項の［図形の結合］を応用することで、**写真などの一部を自由に切り抜いてスライドで利用**することも簡単にできます。

たとえば、以下のスライドにあるトマトの写真からトマトの部分だけを切り抜くことも可能です。

❶ まず、同じようなサイズの図形（円）を用意し、左側の写真のトマトに重なるように配置します。

❷ 重なったことを確認したら、前項の切り出しと同じ要領で、写真と図形両方を選択します。

ヒント

写真と図形を選択するときに、Ctrl キーを押しながらマウスでクリックして選択しますが、**選択する順番が重要**です。

写真が切り取られる側の図形になるので、写真を先にクリックして選択してから、図形（円）を選択してください。

選択する順番が重要です。
Ctrl キーを押しながら、マウスで、
①写真
②図形（円）
の順番で選択してください。

3 ［図形の形式］タブから**［図形の結合］-［重なり抽出］**を指定すると、**写真と図形が重なった部分の大きさで写真が切り抜かれます**。

図形の書式
図形の結合
重なり抽出(I)
写真が、重ねた図形の形で切り抜かれます。

今回の例では、あらかじめ用意されている図形(円)を使って写真を切り抜きましたが、**「フリーフォーム」(フリーハンド等)を使って切り抜きたい図形にあわせて図形を描く**ことで、さらに詳細に複雑な写真の一部だけを切り取ることが可能です。

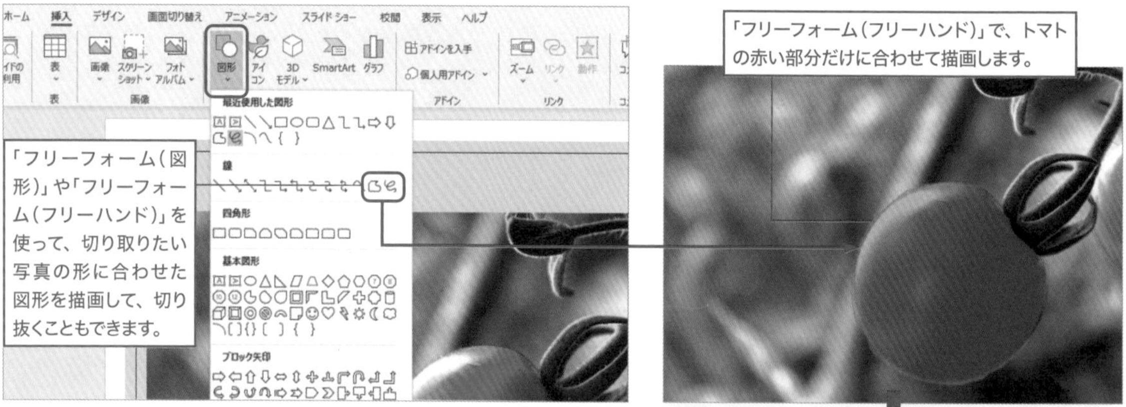
図形
「フリーフォーム(図形)」や「フリーフォーム(フリーハンド)」を使って、切り取りたい写真の形に合わせた図形を描画して、切り抜くこともできます。
「フリーフォーム(フリーハンド)」で、トマトの赤い部分だけに合わせて描画します。

今度は、［図形の書式］タブから、**［図形の結合］-［切り出し］**を指定しました。マウスで描いたフリーハンドなので、すこし形が歪んでいますが、トマトの赤い実だけを切り離すことができました。

このように、自由に図形を作成したり、写真の必要な場所を切り取って加工したりすることができます。これらの図形や写真は、スライドに挿入された動画に重ねて使うこともできるので、教材作成の幅が広がります。

謝辞

今回の書籍執筆は、コロナ禍でのオンライン授業対応について、教員同士のノウハウ共有のために書いたブログ記事「パワーポイントで授業動画を簡単に作ろう！」がきっかけでした。書籍化のお声がけから執筆中の助言まで多くをサポートしていただいた技術評論社の熊谷裕美子さん、授業動画作成シーンでのモデルを快く引き受けてくれた福井大学大学院生の水野真由子さん、実験器具等のサンプル動画撮影でご協力いただいた仁愛女子短期大学 木内貴子先生、その他、執筆にご協力いただいた多くの皆様に感謝申し上げます。

本書掲載事例のダウンロードサービスのご案内

本書に掲載した作成事例は、本書のサポートページにてPowerPointのサンプルファイルと解説動画ファイルを提供しております。本書の解説と合わせてご参照ください。

以下のWebサイトにアクセスし、ダウンロードしてご利用ください。

https://gihyo.jp/book/2021/978-4-297-11940-9/support

注意事項

提供しているファイルについては、一般的な環境においては特に問題のないことを確認しておりますが、万一障害が発生し、その結果いかなる損害が生じたとしても、小社および著者は責任を負いかねます。必ずご自身の判断と責任においてご利用ください。

提供しているファイルは、著作権法上の保護を受けています。収録されているファイルの一部、あるいは全部について、いかなる方法においても無断で複写、複製、再配布することは禁じられています。

索引

■著者プロフィール
澤崎 敏文（さわざき としふみ）

2000年、Rutgers University（アメリカ）にてMBAを取得。その後、福井県庁にて行政情報化、政策企画に関する業務に従事。コンサルティング会社の経営を経て、2015年に大学教員として着任、現在に至る。
YouTube「さわらぼ・チャンネル」やブログ「sawacom.net」で、企業や商工会議所等との連携事業、プレゼン指導、オンライン授業の動画作成ノウハウなどを広く情報発信している。

仁愛女子短期大学 生活科学学科 准教授
福井大学 産学官連携本部 客員准教授
株式会社ふくいコミュニケーションズ 取締役
福井商工会議所 専門アドバイザー
福井県商工会連合会 専門相談員　他

カバーデザイン◆ SONICBANG CO.,
カバー・本文イラスト◆後藤 浩一
本文デザイン・DTP◆田中 望
編集担当◆熊谷 裕美子

PowerPoint《ぱわーぽいんと》でかんたん!
動画作成《どうがさくせい》
オンライン教材《きょうざい》・授業動画《じゅぎょうどうが》・解説動画《かいせつどうが》・
プロモ動画《どうが》を手軽《てがる》に作《つく》って配信《はいしん》

2021年 2月19日 初 版 第1刷発行
2021年 9月25日 初 版 第3刷発行

著　者 澤崎《さわざき》 敏文《としふみ》
発行者 片岡 巌
発行所 株式会社技術評論社
東京都新宿区市谷左内町 21-13
電話 03-3513-6150 販売促進部
03-3513-6166 書籍編集部
印刷／製本 図書印刷株式会社

定価はカバーに表示してあります。

ISBN978-4-297-11940-9 C3055

Printed in Japan

■問い合わせについて

本書に関するご質問については、本書に記載されている内容に関するもののみとさせていただきます。本書の内容と関係のないご質問につきましては、一切お答えできませんので、あらかじめご了承ください。また、電話でのご質問は受け付けておりませんので、FAX か書面にて下記までお送りください。弊社の Web サイトでも質問用フォームを用意しておりますのでご利用ください。

なお、ご質問の際には、書名と該当ページ、返信先を明記してくださいますよう、お願いいたします。

お送りいただいたご質問には、できる限り迅速にお答えできるよう努力いたしておりますが、場合によってはお答えするまでに時間がかかることがあります。また、回答の期日をご指定なさっても、ご希望にお応えできるとは限りません。あらかじめご了承くださいますよう、お願いいたします。

■問い合わせ先
〒162-0846
東京都新宿区市谷左内町 21-13
株式会社技術評論社　書籍編集部
「PowerPoint でかんたん！ 動画作成」係
FAX 番号　：03-3513-6183
技術評論社 Web：https://gihyo.jp/book